[瑞士] 荣格————著　中央编译翻译服务组————译

潜意识心理学

中央编译出版社
Central Compilation & Translation Press

图书在版编目 (CIP) 数据

潜意识心理学 /（瑞士）荣格著；中央编译翻译服务组译 . —北京：中央编译出版社，2023.6（2024.5 重印）
ISBN 978-7-5117-4405-0

Ⅰ . ①潜… Ⅱ . ①荣… ②中… Ⅲ . ①下意识 - 心理学 - 通俗读物 Ⅳ . ① B842.7-49

中国国家版本馆 CIP 数据核字 (2023) 第 065767 号

潜意识心理学

责任编辑	郑永杰
责任印制	李 颖
出版发行	中央编译出版社
地　　址	北京市海淀区北四环西路 69 号 (100080)
电　　话	(010)55627391(总编室)　　(010)55627312(编辑室) (010)55627320(发行部)　　(010)55627377(新技术部)
经　　销	全国新华书店
印　　刷	佳兴达印刷（天津）有限公司
开　　本	880 毫米 ×1230 毫米　1/32
字　　数	100 千字
印　　张	7.125
版　　次	2023 年 6 月第 1 版
印　　次	2024 年 5 月第 2 次印刷
定　　价	39.00 元

新浪微博：@ 中央编译出版社　　微　　信：中央编译出版社 (ID：cctphome)
淘宝店铺：中央编译出版社直销店 (http：//shop108367160.taobao.com) (010)55627331

本社常年法律顾问：北京市吴栾赵阎律师事务所律师　闫军　梁勤
凡有印装质量问题，本社负责调换。电话：(010)55626985

出版前言

荣格的《金花的秘密》和《未发现的自我》在中央编译出版社出版后,引起国内读者的广泛关注,其中不乏心理学爱好者、心灵探索者,以及荣格心理学的研究者。

这两本书之所以广受关注,原因正如它们的名字所指出的——"秘密""未发现",这是荣格向人类发出探索潜在奥秘的邀请。荣格曾感叹,在人类历史上,人们把所有精力都倾注于研究自然,而对人的精神研究却很少,在对外界自然的探索中,人类逐渐迷失自我,被时代裹挟,被无意识吞噬……

为了更好地向读者介绍荣格心理学,中央编译出版社选取荣格文献中的精华篇章,切入荣格关于梦、原型、东洋智慧、潜意识、成长过程等方面的心理问题、类型问题、心理治疗等相关主题内容，经由有关专家学者翻译，以"荣格心理学经典译丛"为丛书名呈现出来。此外，书中许多精美插图均来自于不同时期荣格的相关著作，部分是在中国书刊中首次出现，与书中内容相配合，将带给读者不一样的视觉与心灵冲击。

多年来，中央编译出版社注重引进国外有影响的哲学社会科学著作，其中有相当一部分是心理学方面的著作，目前已形成比较完整的心理学著作体系，既有心理学基础理论读物，又有心理学大众普及读物，可谓种类丰富、名家荟萃。我们希望这套丛书的推出，能够为喜欢荣格心理学的读者和心理学研究者，提供一套系统、权威的读本，也带来更好的阅读体验。译文不当之处，敬请批评指正。

第一版前言（1917年）

在出版商要求下，我对1912年《拉舍尔年鉴》中标题为《心理学新道路》的论文进行了修改和扩充，得到了这篇论文。在我早先的论文中，我只对弗洛伊德开创的心理学观点的一个重要方面进行了阐述。近年来，潜意识心理学发生了多方面的重要变化，这迫使我大大拓宽了早期论文的框架，一方面缩短了一些关于弗洛伊德的段落，另一方面考虑到了阿德勒的心理学；并且，在本文的范围内，我对自己的观点进行了一般性的概述。

我必须在一开始就警告读者，由于这篇研究报告的主题相当复杂，因此他的耐心和注意力将会受到相当大的考验。同时，这篇文章既不是最终结论，也没有足够的说服力。只有针对文章中涉及的每个单独问题进行全面的科学论述才能满足这一要求。因此，希望更深入探讨这些问题的读者必须参考专业文献。我的意图只是对于潜意识的本质和潜意识心理学的最新观点进行全面概述。我认为潜意识的问题是如此重要和热门，以至于在我看来，如果这个与我们每个人息息相关的问题只能出现在一些无人问津的学术期刊上，只能在阴暗的图书馆书架上吃灰，这将是一种巨大的损失。

当前战争的心理影响——尤其是舆论令人难以置信的残酷、相互诽谤、前所未有的愤怒破坏力量、滔天的谎言以及人类面对血腥恶魔时的束手无策——迫使每个有思想的人注意到潜意识的混乱问题，它不安地沉睡在有序的意识世界之下。这场战争无情地向文明人揭示了他仍然是野蛮人的事实，同时也表明，如果他再次试图让他的邻居为自己的邪恶品质负责，他将面临怎样的严酷惩罚。个人的心理反映在民族的心理上。国家做的事情，也是每个人做的，只要个人继续做这件事，国家也会继续做这件事。只有个人态度的改变才能引发国家心理的改变。人类的重大问题无法通过一般规律来解决，只能通过个人态度的更新来解决。如果说自我反省在某个时候是绝对必要且唯一正确的事情，这个时候就是现在，也就是我们当前的灾难性时代。然而，任何反思自己的人都必然会触及潜意识的边界，而潜意识包含了他最需要知道的东西。

　　　　　　库斯纳赫特，苏黎世，1916 年 12 月
　　　　　　C. G. J

第二版前言（1918 年）

我很高兴这本小书在这么短的时间内完成了第二版，尽管它一定给许多读者带来了困难。对于第二版，我只做了一些细微的修改和改进，尽管我知道，由于材料的非凡难度和新颖性，这本书其实需要进行更加广泛的讨论，以便得到大众理解，特别是最后几章。但是，对这几章概述的基本原则进行更详细的讨论将远远超出大众读物的范围，因此我更愿意在单独的作品中对这些问题进行充分讨论，该作品正在准备中。

从第一版出版后我收到的许多信件中，我发现，即使在更广泛的公众中，人们对于人类心理问题的兴趣也比我的预期要强烈得多。这种兴趣在很大程度上可能是来自我们的意识在世界大战期间所承受的深刻冲击。这场灾难的景象使人感到自己完全无能为力，从而使人重新关注自己。它使个体的视线转向内心。而且，由于他周围的一切摇摆不定，他必须寻找能为他提供扶手的东西。太多的人仍然向外看，一些人相信胜利和胜利力量的幻想，另一些人相信条约和法律，还有一些人相信对于现有秩序的颠覆。但是，很少有人向内看，关注他们自身，也很少有人问自己，如果每个人都试图废除自己的旧秩序，并用他本人和他的内心状态去实践他在每个街角宣扬的那些戒律和胜利，而不是永远指望他的同胞去做这些事情，人类社会的目标是否可以得到更好的实现。每个人都需要革命、内部分裂、推翻现有秩序和更新，但他不能将基督教之爱、社会责任感或者其他任何潜意识个人权力冲动的漂亮委婉说法当作虚伪的外衣，将其强加给邻居。个人的自我反省，个人对于人性基础的回归，对于他自己最深刻的存在及其个人和社会命运的回归——这是治疗当前盛行的盲目性的开始。

对人类心理问题的兴趣是本能回归自我的表

现。这本书就是为了服务于这种兴趣而写成的。

库斯纳赫特，苏黎世，1918 年 10 月

C. G. J

第三版前言（1926年）

这本书是在世界大战期间写成的，它的存在主要归功于那次重大事件的心理影响。现在战争结束了，波浪又开始消退了，但战争引发的巨大心理问题仍然占据着每一个有思想有感情的人的头脑和心灵。大概也正因为如此，我的这本小书在战后幸存下来，现在要出第三版。

鉴于自第一版出版以来已经过去了七年[①]，我认为有必要进行相当广泛的修改和改进，特别是关于类型和潜意识的章节。"分析过程中类型的发展"一章被我完全删掉了，因为这个问题已经在我的《心理类型》一书中得到了全面讨论，我必

[①] 按实际出版时间应为九年。——编者注

须向感兴趣的读者推荐这本书。

  如果你试图普及仍然处于科学发展过程中的非常复杂的知识，你一定会同意我的观点：这项任务并不轻松。当大多数人完全不知道我在这里讨论的许多心理过程和问题的时候，这件事就更加困难了。我所说的大部分内容可能会引起他们的偏见，或者看上去很武断，但他们应该记住，这本书的目的最多只能是让他们对这个主题有一个粗略的了解并激发他们的思考，而不是深入讨论论点的所有细节。如果我的书能达到这个目的，我会很满意。

库斯纳赫特，苏黎世，1925 年 4 月

C.G.J

第四版前言（1936年）

除了少数改进之外，第四版似乎没有变化。从公众的众多反应中，我看到集体潜意识的概念（我在本书中专门用了一章来论述）引起了人们特别的兴趣。因此，我不能不提请我的读者注意最近几期的《爱诺斯年鉴》(Eranos-Jahrbuch)，其中包含不同作者关于该主题的重要著作。本书并没有试图对整个分析心理学进行全面的描述。因此，很多内容只是暗示，有些事情根本没有得到提及。然而，我希望这本书能继续实现其谦逊的目标。

库斯纳赫特，苏黎世，1936年4月

C. G. J

第五版前言（1943年）

距离上一个未修改版本已经过去了六年；因此，在我看来，对本书的当前新版本进行彻底修订似乎是可取的。借此机会，我可以消除或改进一些不足之处，并删除多余的材料。像潜意识心理学这样困难而复杂的问题不仅会带来许多新的见解，还会产生错误。我们尝试性探索的仍然是一片广阔无垠的处女地，我们找不到最近的路，只能绕远。尽管我试图在文本中引入尽可能多的新观点，但我的读者不应该期待。

这本书对于这一领域的当代心理学基本知识进行全面概述。在这本大众读物中，我只会提到医学心理学和我自己的研究中最重要的几个方面，而且只是介绍而已。要想获得扎实的知识，你必须研究文献，并且亲身实践。对于想要详细了解这些问题的读者，我建议你不仅要学习医学心理学和精神病理学的基本著作，还要彻底理解心理学教科书。这样一来，你可以通过最直接的方式获得关于医学心理学地位和一般意义的必要知识。

通过这样的比较研究，读者可以判断，弗洛伊德关于他的心理分析"不受欢迎"的抱怨以及我本人处在孤立前沿阵地上的感觉在多大程度上是有道理的。虽然有一些值得注意的例外，但我认为"现代医学心理学的观点还没有深入到学术科学堡垒中"的说法并没有夸大其词。新的思想如果不是昙花一现，通常至少需要一代人的时间才能扎根。心理创新可能需要更长的时间，因为在这个领域，几乎每个人都将自己树立为权威，这一现象比其他领域更加严重。

库斯纳赫特，苏黎世，1942年4月

C. G. J

目　录

I 心理分析 001
II 爱洛斯理论 019
III 另一个观点：权力意志 037
IV 态度类型问题 057
V 个体和集体（或超个体）潜意识 095
VI 综合或构造方法 123
VII 集体潜意识的原型 139
VIII 关于潜意识治疗方法的一般评论 177
总　结 187

I 心理分析

要想帮助病人，医生尤其是"神经疾病专家"必须要有心理知识，因为神经障碍以及"紧张"、歇斯底里等术语所包含的一切症状都起源于心理，自然需要心理治疗。冷水、阳光、新鲜空气、电力等因素充其量只是暂时有效果，有时根本没有效果。病人的问题在脑子里，在心灵最高级、最复杂的功能里，这些功能几乎不属于医学领域。此时，医生也必须是心理学家，这意味着他必须了解人类的心理。

过去，直到50年前，医生的心理训练还是很差的。他的精神科教科书完全局限于临床描述和精神疾病的系统化，大学里教授的心理学要么是哲学，要么是由冯特（Wundt）开创的所谓"实验心理学"①。对神经症进行心理治疗的第一步来自巴黎萨尔佩特里埃的沙可学派;皮埃尔·让内(Pierre Janet)②开启了对于神经症状态心理学的划时代研究,而在南希的伯恩海姆(Bernheim)③重拾李厄堡(Liébeault)④被人遗忘的古老思想,通过暗示治疗神经症,取得了巨大成功。西格蒙德·弗洛伊德(Sigmund Freud)翻译了伯恩海姆的书,也从中获得了宝贵的灵感。那时还没有神经症和精神病心理学。弗洛伊德奠定了神经症心理学基础,这是他的不朽功绩。他的学说源于他对神经症的实际治疗经验,也就是源于他所说的心理分析方法的应用。

在更深入地介绍我们的主题之前,我必须先谈谈它与迄今为止已知科学的关系。在这里,我们遇到了一个奇怪的现象,它再次证明了阿纳托

---

① 《生理心理学原则》(原版1893)。
② 《心理自动症》(1889);《神经症与固定观念》(1898)。
③ 《暗示与治疗应用》(1886);由 S. 弗洛伊德翻译为《暗示及其治疗作用》。
④ 李厄堡,《从道德和身体作用角度考察睡眠和类似状态》(1866)。

尔·法郎士（Anatole France）那句名言"见怪不怪"的真实性。这一领域的第一部重要作品[1]只引发了很微弱的反响，尽管它引入了全新的神经症概念。几位作家赞赏地谈到它，然后在下一页继续用同样的老方法解释他们的歇斯底里案例。他们表现得很像下面这种人：他颂扬了地球是球体的想法或事实，然后平静地继续将地球表述为平的。弗洛伊德接下来的出版物完全没有引起人们的注意，尽管它们提出了对精神病学极为重要的观察结果。当弗洛伊德在1900年写下第一部真正的梦境心理学作品[2]时（从此，这个领域一直被冥河般的黑暗所笼罩），人们开始嘲笑他。当他在1905年真正开始阐明性心理时[3]，笑声变成了侮辱。这场学界的愤怒风暴很快使弗洛伊德心理学获得了不光彩的名声，这种恶名远远超出了科学的关注范围。

因此，我们必须更加仔细地研究这种新的心

---

[1] 布鲁尔和弗洛伊德，《歇斯底里研究》（原著1895年）。
[2] 《梦的解析》。
[3] 《关于性理论的三篇论文》。

理学。早在沙可时代，人们已经知道，神经症的症状是"心源性的"，即起源于心灵。人们还知道，所有的癔症症状都可以通过暗示产生，这主要归功于南希学派的研究。同样，由于让内的研究，人们知道了诸如麻醉、轻瘫、麻痹和健忘症等歇斯底里现象的一些心理机制，但是不知道歇斯底里症状是怎样起源于心灵的。在这方面，精神上的因果关系是完全未知的。80年代初，维也纳一位年老的医师布鲁尔博士的一项发现成了这种全新心理学的真正起点。布鲁尔有一个非常聪明的年轻女病人，患有歇斯底里症，表现出以下症状：右臂痉挛（僵硬）麻痹，偶尔会出现心不在焉或昏昏欲睡的状态；失去了说话的能力，因为她无法继续使用母语，只能用英语表达自己（系统性失语症）。人们当时试图用解剖学理论来解释这些疾病，尽管这位患者控制手臂功能的大脑皮质中心几乎没有受到干扰，就像正常人一样。歇斯底里的症状充满了解剖学上的不可能。另一位因歇斯底里症而完全失去听力的女士经常唱歌。有一次，在她唱歌的时候，她的医生偷偷坐在钢琴旁，轻轻地为她伴奏。在更换乐曲时，医生突然改变了调子，而她在不知不觉中继续用改变的调子唱歌。所以，她听到了伴奏——但也没有听到。各种形式的系统性失明都有类似的现象：一个患有完全歇斯底里失明的人在治疗过程中恢复了视力，但起初只是局部的，而且长期保持这种局部状态。除了人的脑袋，他什么都看得见。他看到周围所有的人都没有脑袋。因此，他看到了——但也没有看到。从大量类似的经验中得出的结论是，患者的有意识头脑没有看到和听到，但感觉功能在正常工作。这种情况直接与器质性障碍的性质相矛盾，因为器质性障碍总是影响实际功能。

经过这番离题的讨论，让我们回到布鲁尔的病例上来。这种疾病没有器质性的原因，所以它只能是歇斯底里的，即心因性的。布鲁尔观察到，如果在病人的昏迷状态中（无论是自发的还是人为诱导的），他让病人讲述她所产生的大量回忆和幻想，她的病情会在几个小时后得到缓解。他系统地利用这一发现进行进一步的治疗。病人为它想出了"谈话疗法"这个名字，或者开玩笑地称之为"扫烟囱"。

病人是在护理父亲的致命疾病时患上了这种疾病。自然，她的幻想主要与这些令人不安的日子有关。这一时期的回忆在她的朦胧状态中以摄影的保真度浮出水面。它们是如此生动，直到最后的细节，我们几乎无法认为清醒的记忆能够得到如此顺利而精确的再现。（这种记忆力的强化被称为"记忆增强"，它在意识受限的状态中并不罕见。）不同寻常的事情现在得到了揭示。患者讲述了许多故事，其中一个故事大致如下：

一天晚上，在那个发高烧的病人的注视下，她焦虑不安，因为来自维也纳的外科医生即将进行手术。她的母亲离开了房间一会儿，病人安娜坐在病床旁，右臂悬在椅背上。她陷入了一种白日梦状态。在梦中，她看到一条黑蛇，显然是从墙里出来的，它向病人袭来，好像要咬他一样。（很可能房子后面的草地上真的有蛇，它已经把女孩吓坏了，现在它提供了产生幻觉的材料。）她想把蛇赶走，但又觉得麻木了；她的右臂悬在椅背上，已经"睡着了"，变的麻木，而且，当她注视右臂时，她的手指变成了长着死神头的小蛇。她可能试图用麻木的右手驱赶蛇，这使麻木与蛇的幻觉联系在一起。蛇不见了，她吓得要祈祷；但她说不出话来，一个字也说不出来。最后，她想起了一首英文童谣。直到这时，她才能继续用英文思考和祈祷。①

这就是最初导致麻痹和语言障碍的场景。随着对于这一场景的叙述，障碍本身被消除了。据说，这个病例通过这种方式最终被治愈了。

这里只举一个例子。在我提到的布鲁尔和弗洛伊德的书中，有很多类似的例子。你很容易理解，这种场景可以给人留下深刻的印象，因此人们倾向于将其看作症状的起源。

当时流行的歇斯底里观点源于沙可大力倡导的英国"神经休克"理论，这种观点完全可以解释布鲁尔的发现。因此，出现了所谓的创伤理论。创伤理论认为，歇斯底里症状和所有构成疾病的

---

① 参考布鲁尔和弗洛伊德，第38、39页。

歇斯底里源于精神伤害或创伤,其印记在不知不觉中持续多年。弗洛伊德现在与布鲁尔合作,能够为这一发现提供充分的证明。事实证明,无数歇斯底里症状没有一种是偶然出现的——它们总是由心理事件引发的。到目前为止,这一新概念为经验工作开辟了广阔的领域,但弗洛伊德的探索不能长期停留在这个肤浅层面上,因为更深刻、更困难的问题已经开始出现。很明显,像布鲁尔的病人所经历的极度焦虑的时刻可能会留下持久的印象。显然,这些印象已经带有病态的烙印。那么,病人最初是如何产生这些经历的呢?它们是护理压力导致的吗?如果是这样,这种情况应该会更多,因为不幸的是,有很多累人的病例需要护理,而且护士的神经健康状况并不总是最好的。对于这个问题,医学给出了一个很好的答案:"这种计算中的变量是倾向。"某些人刚好具有这样的"倾向"。对弗洛伊德来说,问题是:这种倾向是由什么构成的?这个问题自然导致了对精神创伤过往历史的检查。一个普遍现象是,激动人心的场景对于它所涉及的不同人具有不同的影响。

或者，对一个人无关紧要甚至称心如意的事物会引起其他人最大的恐惧——例如青蛙、蛇、老鼠、猫等。有一些妇女可以面不改色地协助别人开展血腥的手术，而她们却因为猫的触摸而害怕和厌恶得浑身颤抖。我记得有一个年轻的女人，由于突然受到惊吓而患上了急性歇斯底里症。她参加了一次晚会，大约午夜时分在几个熟人的陪伴下回家。当时，一辆出租车从他们身后疾驰而来。其他人都为出租车让路，但她仿佛被恐惧夺走了魂魄，一直留在马路中间，在马群前面顺着马路奔跑。马车夫挥着鞭子咒骂，但是没有用。她跑了整条路，穿过一座桥。在那里，她没有力气了。如果不是路人阻止她，为了避免被马踩到，她一定会在绝望中跳进河里。在血腥的1月22日（1905年），这位女士恰好出现在圣彼得堡，就在士兵开枪扫射的那条街道上。她周围的人或死或伤倒在地上；然而，她相当冷静，头脑清醒，看到一扇通往院子的大门，并且通过大门逃到了另一条街上。这些可怕的时刻不再使她感到激动。事后，她感觉很好——实际上，她比平时还要好。

你经常可以观察到这种无法对于明显冲击做出反应的情况。因此，你必然会得出结论：创伤的强度本身几乎没有致病意义，但它对患者来说必定具有特殊意义。也就是说，不管怎样，具有致病作用的并非震惊本身。为了产生作用，它必须对某种特殊的心理倾向造成冲击，这种倾向在某些情况下可能是患者在无意中为震惊赋予的特定意义。这可能是"倾向"的关键。因此，我们不得不问自己：出租车现场的特殊情况是什么？病人的恐惧始于马匹奔跑的声音；有那么一瞬间，她觉得这预示着某种可怕的厄运——她的死，或者某种可怕的东西。下一刻，她完全无法感觉到自己在做什么。

真正的震撼显然来自马匹。因此，病人之所以对这件不起眼的小事具有如此无法解释的反应倾向，可能是因为马对她具有某种特殊的意义。例如，我们可以推测，她曾经与马发生过一次危险的事故。事实的确如此。大约七岁的时候，她和马车夫一起出去兜风。突然，马匹受到了惊吓，朝着深邃陡峭的峡谷狂奔而去。车夫跳下马车，并让她也跳车，但她害怕得要命，根本拿不定主意。尽管如此，她还是在紧要关头跳了下来，而马匹与马车一起坠入了下面的深渊。这样的事件会留下非常深刻的印象，这几乎不需要证明。然而，它并没有解释为什么在以后的日子里，类似情况完全无害的暗示会导致这种麻木的反应。到目前为止，我们只知道，后期症状在儿童时期就有了前奏，但其病理内容仍处于黑暗中。为了揭示这个奥秘，我们需要更多知识，因为随着经验的增加，我们已经认识到，在我们迄今为止分析过的所有案例中，除了创伤性经历之外，还存在着另一类特殊的障碍，它位于爱的范围内。诚然，"爱"是一个弹性概念，从天堂延伸到地狱，并结合了善与恶、高尚与卑劣。随着这一发现，弗洛伊德的观点发生了相当大的变化。如果说，在布鲁尔创伤理论的影响下，他以前曾在创伤经历中寻找神经症的原因，那么现在，问题的重心转移到了完全不同的地方。我们的案例最能说明这一点：我们可以很好地理解，为什么马会在患者的生活中发挥特殊作用，但我们不理解患者后来如此夸张和不必要的反应。这个故事的病态特点在于，患者害怕不会造成任何伤害的马。我们已经发现，除了创伤经历之外，爱的领域经常会出现干扰。所以，我们可以研究，这种联系中是否存在一些特殊之处。

这位女士认识一个年轻人，想和他订婚。她爱他，希望和他幸福地在一起。起初，我无法了解到更多信息。但是，由于初步询问的负面结果而停止调查是绝对不行的。当直接方法失败时，你可以通过间接方法实现目标。因此，我们回到了那位女士在马匹前奔跑的奇特经历。我们询问了她的同伴，以及她刚刚参加了什么样的节日活动。这是为她最好的朋友举办的告别派对。由于神经问题，她的这位朋友准备前往国外的疗养胜地。这位朋友结婚了，据说很幸福；她还有一个孩子。我们有理由怀疑她很幸福的说法；因为如果她真的幸福，她大概没有理由感到"紧张"，需要治疗。我改变了询问角度，得知她的朋友救了她之后，把她送回了派对主人——她最好的朋友的丈夫——的房子，因为在那个深夜，这是最近的住所。在那里，精疲力竭的患者受到热情款待。此时，患者中断了叙述，变得很尴尬，坐立不安，试图转移话题。显然，一些不愉快的回忆突然冒了出来。在克服了最顽固的抵抗之后，她讲述了当晚发生的另一件不同寻常的事情：和蔼可亲的主人对她进行了火热的爱情告白。由于女主人不在家，因此这种局面既让人为难又令人痛苦。表面上，这份爱情宣言像晴天霹雳一样降临在她身上，但是这种事情通常都是有前因后果的。接下来几周，我一点一点地挖掘这个漫长的爱情故事。最后，我拼出了一幅完整的画面，这里将其大致概括如下：

小时候，病人一直是个普通的假小子，只关心野男孩的游戏，蔑视自己的性别，回避所有女性化的举止和活动。进入青春期以后，当性欲问题出现在她身上时，她开始回避整个社会，憎恨和鄙视任何可能使她想起女人生理命运的事物，生活在一个与粗鲁的现实毫无共同之处的幻想世界中。因此，在大约24岁以前，她回避了在这个年纪打动女孩芳心的各种小冒险、小希望和小期待。然后，她结识了两个男人，他们注定要冲破将她围住的荆棘篱笆。A先生是她最好朋友的丈夫，B先生是A先生的单身朋友。她喜欢他们俩。不过，她很快感觉到，她更喜欢B先生。他们之间很快就建立起了亲密关系。不久之后，他们已经开始谈婚论嫁了。通过她与B先生和朋友的关系，她经常与A先生接触，A先生的出现有时会以最无法解释的方式打扰到她，让她感到紧张。大约在这个时候，病人参加了一次大型聚会。她的朋友们也在那里。当她陷入沉思，做梦般地玩弄她的戒指时，戒指突然滑落，滚到桌子下面。两位先生都去找了，B先生成功地找到了戒指。他将戒指戴在她的手指上，露出狡黠的笑容，说道："你懂的！"她突然产生了一种奇怪而无法抗拒的感觉，从手指上扯下戒指，从敞开的窗户扔了出去。痛苦的时刻随之而来。可想而知，没过多久，她就非常沮丧地离开了会场。不久之后，在命运的安排下，她碰巧与A先生和A太太来到同一个疗养胜地过暑假。接着，A夫人明显开始变得紧张起来，经常待在室内，因为她觉得不舒服。因此,病人可以和 A 先生单独出去散步。有一次,他们去划船。她非常快乐,得意忘形,不慎落水。她不会游泳,A 先生好不容易才把半昏迷的她拉上船,然后亲了她。通过此次浪漫经历,二人形成了牢固的纽带,但是病人不允许这种内心深处的激情进入意识,这显然是因为她早就习惯于忽略和逃避这些事情了。为了在内心原谅自己,她更加积极地追求 B 先生。她每天都告诉自己,她爱的是 B 先生。这个奇怪的小游戏自然逃不过一位妻子嫉妒敏锐的目光。她的朋友 A 夫人猜到了这个秘密,因此生气了,以至于 A 夫人的神经更加紧张。因此,A 夫人不得不出国疗养。在告别晚会上,邪灵来到我们的病人身边,在她的耳边低语:"今晚他将孤身一人。你一定要出事,这样你才能去他家。"事情就这样发生了:通过她自己的奇怪行为,她回到了 A 先生的家里,从而实现了她的愿望。

听到这种解释后,每个人都可能倾向于认为,只有极其狡猾的人才能设计出这样一连串的情况并使其发挥作用。这件事的精妙是毫无疑问的，但它的道德评价仍然是一个值得怀疑的问题，因为我必须强调，导致这一戏剧性结局的动机在任何意义上都不是有意识的。对病人来说，整个故事似乎是自动发生的，她并没有意识到任何动机，但之前的历史清楚地表明，一切都在不知不觉中指向这个目的，而有意识的头脑却在努力实现与 B 先生的交往。而朝向另一个方向的潜意识驱动力更强。

因此，我们再次回到了最初的问题：创伤反应的病态性质（即特殊或夸大性质）从何而来？根据类似经验得出的结论，我们推测，在这种情况下，除了创伤之外，性欲领域也一定存在干扰。这个猜想已经完全被证实，我们已经了解到，作为疾病的表面原因，创伤只不过是以前潜意识内容表现出来的机会而已，这个内容就是重要的性冲突。因此，创伤失去了其独有的意义，取而代之的是更深刻、更全面的概念，它将病原体视为一种性欲冲突。人们经常听到这样的问题：为什么成为神经症原因的是情欲冲突，而不是任何其他冲突？对此，我们只能回答：没有人断言它必须如此，但事实上它经常如此。虽然存在各种相反的愤慨抗议，但你仍然要承认下面的事实：爱①、爱的问题和冲突在人类生活中是至关重要的，而且正如仔细调查所一贯表明的那样，它比其他任何潜在因素重要得多。

因此，创伤理论由于过时而被废弃。人们发现，神经症的根源不是创伤，而是隐秘的性冲突。所以，创伤失去了因果意义。

---

① 这里指的是广义的爱，它是爱的合法含义，并且不仅仅包含性。这并不是说爱和它的干扰是神经症的唯一来源。这种干扰可能是次要的，并且受到更深层原因的影响。其他原因也会导致神经症。

II 爱洛斯理论

鉴于这一发现,创伤问题以最出人意料的方式得到了回答;但取而代之的是,研究人员需要面对性欲冲突问题。正如我们的例子所示,它包含大量异常元素,乍一看无法与普通的性欲冲突相提并论。特别引人注目且几乎令人难以置信的是,只有伪装是有意识的,而病人真正的热情却被她隐藏起来。在这种情况下,毫无疑问,真正的关系笼罩在黑暗中,而假装的关系则主宰了意识领域。如果从理论上阐述这些事实,我们会得出以下结论:在神经症中,存在两种彼此严格对立的倾向,其中一种在潜意识中。这个命题是特意用非常笼统的术语来表述的,因为我想强调的是,虽然致病冲突是个人问题,但它也是一种表现在个人身上的广泛的人类冲突，因为自我冲突是文明人的标志。神经症只是人格分裂的一个特殊例子，这种人应该在自己内部协调自然和文化。

正如我们所知，文化的发展在于逐步征服人类身上的动物成分。这是一个驯化的过程，如果没有渴望自由的动物天性的反抗，就无法完成。时不时会有一股狂热的浪潮向人们席卷而来，后者曾长时间受到文化的限制。古代人在从东方涌来的酒神狂欢中体验到了这一点，这种狂欢成为古典文化基本而典型的特征。这些狂欢的精神对于公元前1世纪无数教派和哲学流派中斯多葛禁欲主义理想的发展做出了不小的贡献，这种理想在那个时代的多神教混乱状态中孕育出了密特拉教和基督教这对双胞胎苦行宗教。文艺复兴时期，第二波酒神放荡风潮席卷了西方。你很难对于当代精神进行衡量；但是在过去半个世纪产生的一系列革命性问题中，出现了"性问题"，这催生了一种全新的文学类型。心理分析学的开端源于这场"运动"，后者对心理分析理论产生了非常片面的影响。毕竟，没有人可以完全独立于时代的潮流。在此之后，"性问题"在很大程度上被政治和精神问题推到了后台。然而，这并没有改变一个基本事实，即人的本能总是与文明强加的制约相抗衡。名字会改变，但事实不会改变。今天我们也知道，与文明约束相悖的绝不仅仅是动物的本性，它常常还包括从潜意识中涌现出来的新思想，后者与本能一样，与主流文化不协调。例如，我们很容易构建神经症的政治理论，因为今天的人主要对政治激情感兴趣，而"性问题"只是一个微不足道的前奏。事实可能证明，政治只不过是更深层次的宗教动荡的前奏。在没有意识到这一点的情况下，神经症患者参与了他那个时代的主导潮流，并将它们反映在他自己的冲突中。

神经症与我们这个时代的问题密切相关，并且确实代表了个人解决自身普遍问题的失败尝试。神经症是自我分裂。对于大多数患者，分裂的原因是有意识的头脑想要坚持其道德理想，而潜意识则在追求意识头脑试图否认的在当代意义上不道德的理想。这种类型的人想要获得更大的尊敬。

同时，这种冲突也很容易发生相反的情况：有些人看上去声名狼藉，对自己没有丝毫约束。归根结底，这只是一种邪恶的姿态，因为在背景中，他们也有道德的一面，但它已经落入了潜意识之中，就像道德人的不道德一面那样。（因此，应尽可能避免极端，因为物极必反。）

为了澄清"性欲冲突"，上述一般性讨论很有必要。下面，我们可以先讨论心理分析的技术，然后再讨论治疗的问题。

显然，这项技术的一个重要问题是：如何通过最短和最好的路径来了解患者潜意识中正在发生的事情？最初的方法是催眠：要么在催眠性专注状态下进行询问，要么在这种状态下由患者自发产生幻想。这种方法仍然偶尔被人使用，但与目前的技术相比，它很原始，而且常常不能令人满意。第二种方法是由苏黎世的精神病学诊所发展出来的，即所谓的联想方法[1]。它非常准确地证明，冲突以所谓感情基调思想"复合体"的形

---

[1] 荣格等人，《单词联想研究》，M.D. 埃德尔（Eder）翻译。（在《作品集》卷2中。）

式存在，这些思想在实验过程中表现为典型的烦躁[①]。但是，正如弗洛伊德首先表明的那样，了解致病冲突的最重要方法是分析梦境。

梦境刚好印证了那句名言："匠人所弃的石头，已成了房角的头块石头。"只有在现代，梦境这种转瞬即逝的、看似微不足道的心灵产物才会遭到如此深刻的蔑视。从前，它被认为是命运的预示、预兆和圣灵、众神的使者。现在，我们把它看作潜意识的使者，它的任务是揭示有意识头脑不知道的秘密，而且它以惊人的完整性做到了这一点。我们能够记得的梦境叫做"显性"梦境。在弗洛伊德看来，显性梦境只是一个门面，它无法使我们知道房子的内部。相反，它在"梦境审查官"的帮助下小心翼翼地将其隐藏起来。然而，如果我们在遵守某些技术规则的同时引导做梦者谈论梦的细节，我们很快就会发现，他的联想倾向于一个特定的方向，并且可以围绕特定主题进行分组。这些联想与个人有关，并产生了一种意

---

① 荣格，《情结理论回顾》。

义。如果没有这些联想，你永远无法推测出这个意义是梦的原因。经过仔细比较，你会发现，这个意义与梦的外表有着极其微妙细致的关系。这种将梦的所有线索结合在一起的独特思想复合体就是我们正在寻找的冲突，或者更确切地说，它是一种受环境影响的冲突变体。根据弗洛伊德的说法，冲突中痛苦和不相容的因素在很大程度上以这种方式被掩盖或抹杀，我们甚至可以称之为"愿望的实现"。然而，梦境实现明显愿望的情况很少见，比如在所谓的身体刺激梦境中，由于睡眠中的饥饿感，人们会梦到美味的食物，以满足对食物的渴望。类似地，你应该起床的紧迫想法与继续睡觉的愿望相冲突，它会导致你已经起床的如意梦境，等等。在弗洛伊德的观点中，还有一些潜意识的愿望，其性质与清醒时的思想观念不相容，这些痛苦的愿望是人们不愿承认的，而弗洛伊德却将其视为梦境的真正缔造者。例如，一个女儿温柔地爱着她的母亲，但在极度痛苦中梦到她的母亲已经死了。弗洛伊德认为，这个女儿并不知道，她有一种极其痛苦的愿望：她希望母亲以最快的速度从这个世界上消失,因为她暗中抗拒母亲。即使是最无辜的女儿也可能出现这种情绪,但如果有人试图让她背负这些情绪,她就会进行最激烈的反驳。从表面上看,显性梦境不包含任何实现愿望的痕迹,而是含有恐惧或惊恐,因此与假定的潜意识冲动直接相反,但我们很清楚,夸大的警报经常会使人产生相反的怀疑,这种怀疑不无道理。(在这里,挑剔的读者可能会问:梦中的警报什么时候被夸大了?)这样的梦数不胜数,其中显然没有实现愿望的痕迹:梦中的冲突是潜意识的,试探性的解决方案也是如此。事实上,这个做梦者确实存在摆脱母亲的倾向。用潜意识的语言来说,她希望她的母亲死去。不过,你当然不应该指责做梦者存在这种倾向,因为严格来说,制造梦境的不是她,而是潜意识。潜意识拥有摆脱母亲的趋势。从做梦者的角度来看,这是最出乎意料的。她能梦到这样的事,就证明她不是有意识地这样想的。她不知道为什么要摆脱母亲。我们现在知道,潜意识的某一层包含了所有超越记忆的东西,包括所有在成年生活中找不到出口的幼稚本能冲动。我们可以说，来自潜意识的大部分内容起初都带有幼稚的特征，比如下面这个愿望："妈妈死了以后，你会娶我，不是吗，爸爸？"这种幼稚的愿望代替了最近的结婚愿望，这种愿望在这里对做梦者来说是痛苦的，其原因有待发现。正如人们所说，婚姻的观念，或者说相应冲动的严肃性，"被压抑在潜意识中"，并且必然以一种幼稚的方式表达出来，因为潜意识可以支配的材料主要由童年的回忆组成。

我们的梦显然与婴儿期的嫉妒有关。做梦者或多或少爱上了她的父亲，因此想摆脱她的母亲，但她真正的矛盾在于，她一方面想结婚，另一方面又拿不定主意：因为你永远不知道对方会是什么样子，会不会成为合适的丈夫，等等。而且，家里真是太好了，当她不得不离开亲爱的妈妈，成为独立的成年人时，会发生什么？她没有注意到，婚姻问题现在对她来说是一件严肃的事情，并且已经将她牢牢掌控住，因此当她悄悄回到父母身边时，他们必然要面对这个重要的问题。她不再是曾经的孩子，而是想要结婚的女人。因此，当她回来时，她也把结婚的愿望带了回来。在家庭中，父亲是丈夫，而在女儿不知道的情况下，她对丈夫的渴望落到了父亲身上。这是乱伦。继发性乱伦阴谋就是这样产生的。弗洛伊德认为，乱伦倾向是做梦者无法下定决心结婚的主要原因和真正原因。与此相比，我们提到的其他原因是无足轻重的。关于这个观点，我长期以来一直坚持这样的看法：偶尔发生的乱伦并不能证明普遍的乱伦倾向，正如谋杀的事实无法证明存在某种导致冲突的普遍杀人狂热一样。我不会说每一种犯罪的萌芽都不存在于我们每个人身上。但是，这种萌芽的存在与实际冲突之间存在天壤之别，后者会导致神经症患者那种人格分裂。

如果我们关注神经症的历史，我们经常会发现，在某个关键时刻，患者之前回避的问题会浮出水面。这种回避与在其背后的懒惰、懈怠、怯懦、焦虑、无知和潜意识一样，是一种自然而普遍的反应。每当事情令人不快、困难而危险时，我们大多会犹豫不决，如果可能的话，我们会敬而远之。我认为这些理由是足够充分的。乱伦的症状无疑是存在的，而且弗洛伊德正确地看到了这些症状。在我看来，乱伦是一种继发现象，已经具有了病态特征。

梦常常被看似非常愚蠢的细节所占据，从而给人一种荒谬的印象，或者看上去很难理解，让我们彻底陷入困惑。因此，我们总是必须克服一定的阻力，然后才能通过耐心的工作真正解开错综复杂的网络。但是，当我们最终深入了解它的真正含义时，我们发现自己深陷于做梦者的秘密之中，并且惊讶地发现，看似毫无意义的梦是非常有意义的。而且，它只与重要而严肃的事情有关。这一发现迫使人们更加尊重所谓的迷信，即梦是有意义的。迄今为止，我们这个时代的理性主义精神一直对这种迷信不屑一顾。

正如弗洛伊德所说，梦境分析是通往潜意识的皇家大道。它直接通向最深的个人秘密，因此是灵魂医生和教育家手中的宝贵工具。

包括弗洛伊德心理分析在内的所有分析方法主要由大量的梦境分析组成。在治疗的过程中，梦境依次抛出潜意识的内容，以便将它们置于具有消毒能力的日光下。通过这种方式，许多有价值和被认为丢失的东西被做梦者重新找到。可以预料的是，对于许多对自己有错误想法的人来说，这种治疗是一种名副其实的折磨，因为按照古老的神秘说法，"放弃你所拥有的，然后你就会得到！"他们被要求放弃他们珍视的所有幻想，以便获得更深刻、更公平、更具包容性的东西。真正的古老智慧在治疗中再次浮现出来。特别有趣的是，事实证明，在我们的文化鼎盛时期，这种心理教育是必要的。在不止一个方面，它与苏格拉底的方法存在相似之处，尽管我必须承认，分析的深度远胜于苏格拉底方法。

弗洛伊德的研究模式试图证明，就致病冲突的起源而言，色情或性因素是极为重要的。根据这一理论，有意识的思想趋势与不道德、不相容的潜意识愿望之间存在冲突。潜意识的愿望是幼稚的，也就是说，它是来自过去的愿望，不再适合现在，因此在道德上受到压制。神经症患者拥有孩子的灵魂，无法忍受看不到意义的武断限制；他试图使这种道德成为他自己的道德，却陷入了与自己的分裂：他的一部分想要压制，另一部分渴望自由——这种斗争被称为神经症。如果他能清楚地意识到冲突的所有成分，他大概永远不会出现神经质的症状；只有当我们看不到自己本性的另一面及其问题的紧迫性时，症状才会出现，它有助于表达心灵中未被识别的一面。因此，在弗洛伊德看来，症状是未被承认的欲望的实现，当它们进入意识时，会与我们的道德信念发生激烈冲突。正如我们已经观察到的那样，这种由于意识的审查而撤退的心理阴暗面是病人无法处理的。他不能纠正它，不能接受它，也不能忽视它；因为他实际上并不"拥有"潜意识的冲动。这些冲动被意识心理的等级体系驱逐，成为自主情结，分析的任务是顶着巨大的阻力重新控制这些情结。

有些病人吹嘘说，他们没有阴暗面；他们向我们保证，他们内心没有冲突，但他们没有看到，其他来历不明的事情阻碍了他们的前进——包括歇斯底里的情绪，他们对自己和邻居使用的诡计，胃部的神经性黏膜炎，各个部位的疼痛，无缘无故的烦躁，以及一系列的神经症状。

Ⅱ 爱洛斯理论

人们指责弗洛伊德的心理分析,认为它解放了人类有幸得到抑制的动物本能,从而造成了无法估量的伤害。这种忧虑表明,我们对道德原则的有效性是多么不信任。人们表面上声称,只有在讲坛上宣扬的道德才能阻止人们肆无忌惮的放肆;但是更有效的监管者是必要性,它设定的界限比任何道德戒律都更加真实和有说服力。确实,心理分析使动物的本能变得有意识,尽管它不像许多人所认为的那样,想要给予它们无限的自由,而是将它们整合到一个有目的的整体中。在任何情况下,完全拥有自己的人格都是一种优势,否则被压抑的因素只会在其他地方作为障碍出现,它们不仅会出现在某个不重要的地方,而且会出现在我们最敏感的地方。如果我们能够教育人们看清自己本性的阴暗面,也许他们也能学会更好地理解和关爱自己的同胞。对于我们的邻居,少一点虚伪和多一点自知之明只会带来好结果;因为我们很容易将我们对自己本性施加的不公正和暴力转移给我们的同胞。

弗洛伊德的压抑理论似乎认为,只有道德高

尚的人才会压抑他们不道德的本能。因此，不受约束地过着本能生活的不道德的人应该对神经症免疫。经验表明，情况显然并非如此。这样的人可能和其他人一样神经质。如果我们分析他，我们只会发现，他的道德受到了压抑。借用尼采的惊人说法，神经质的不道德者就像行为不够邪恶的"不合格恶棍"一样。

我们当然可以认为，在这种情况下，被压抑的道德残余只是来自婴儿期的传统遗迹，它对本能进行了不必要的检查，因此应该被根除。"踩死败类原则"最终将导致绝对自由主义理论。自然，那将是非常荒谬的。你永远不应该忘记——弗洛伊德学派必须记住这一点——道德不是摩西在西奈山上用石板带下来并强加给人民的，而是人类灵魂的一种功能，与人类本身一样古老。道德不是从外部强加的，我们从一开始就拥有它——它不是法律，而是我们的道德本性，没有它，人类社会的集体生活将无法存在。这就是道德存在于社会各个层面的原因。它是行动的本能调节器，也支配着畜群的集体生活。但是，道德法则只在小规模人类群体中有效。超出这个范围，它们就不再有效了。有一句古老的真理：他人即恶狼。随着文明的发展，我们成功地使更大的人类群体服从相同的道德规则，但我们还没有使道德准则超越社会边界，即在不同独立社会之间的自由空间中盛行。在那里，无法无天、放肆和疯狂的不道德依然占据统治地位——当然，只有敌人才敢将其大声说出来。

弗洛伊德学派深信性在神经症中基本而排他的重要性，以至于他们得出了合乎逻辑的结论，并勇敢地攻击了我们这个时代的性道德。毫无疑问，这是有用和必要的，因为考虑到极为复杂的现状，这个领域过去流行并且现在仍然流行的想法分化程度太低了。在中世纪早期，金融之所以受到轻视，是因为当时还没有适合所有情况的有区别的金融道德，只有大众道德。类似地，今天只有大众性道德。有私生子的女孩会受到谴责，没有人问她是不是正派的人。任何未经法律批准的爱都被认为是不道德的，不管这种爱情发生在有价值的人身上还是无赖身上。我们仍然执着于已经发生的事情，忘记了它是如何发生的以及发生在谁身上，就像在中世纪，金融不过是受到强烈觊觎的闪闪发光的黄金，因此是魔鬼。

然而，事情并没有那么简单。爱洛斯是一个值得怀疑的家伙，未来也将永远如此，不管未来的法律如何看待他。一方面，他属于人的原始动物本性，只要人有动物的身体，这种本性就会持续存在。另一方面，他与精神的最高形式有关。不过，只有当精神和本能和谐相处时，他才会茁壮成长。如果他缺少一个或另一个方面，结果就是受伤，或者至少是一种很容易转向病态的不平衡。太多的动物成分会扭曲文明人，太多的文明会制造病态的动物。这种困境揭示了爱洛斯对人类的巨大不确定性，因为归根结底，爱洛斯是一种超人的力量，它就像自然本身一样，允许自己被征服和剥削，就好像它无能为力一样。不过，战胜自然是要付出高昂代价的。自然不需要解释原则，而只要求宽容和明智的措施。

"爱洛斯是一个强大的恶魔，"睿智的狄奥蒂玛对苏格拉底说。我们永远无法战胜爱洛斯。即使战胜爱洛斯,我们也只会伤害自己。他不是我们内在本质的全部,尽管他至少是我们内在本质的一个重要方面。因此,弗洛伊德关于神经症的性理论是建立在真实原则之上的,但它犯了片面和排外的错误;它还试图用粗俗的性术语轻率地捕捉不受限制的爱洛斯。在这方面,弗洛伊德是唯物主义时代的典型代表[①],他希望在试管中解开世界之谜。随着岁月的流逝,弗洛伊德本人承认他的理论缺乏平衡。他反对爱洛斯,称之为力比多,即破坏性本能或死亡本能[②]。在他死后发表的著作中,他写道:经过长时间的踌躇和动摇,我们决定假设只存在两种基本本能,即爱欲和破坏本能……这些基本本能的第一个目的是建立更大的统一性并以这种方式保持它们——简而言之,就是将它们结合在一起;与此相反的第二个目的是取消联系,并因此破坏事物……因此,我们也

---

① 参照荣格《历史背景中的西格蒙德·弗洛伊德》。

② 这个想法最初来自我的学生 S. 斯皮勒林(Spielrein):参考《作为生成原因的破坏》(1912)。弗洛伊德提到了这部作品,他在《超越快乐原则》(原版 1920)第五章中介绍了破坏性本能。

称之为死亡本能①。

我只能引用这段简短的文字,不能更加深入地探讨这个概念的可疑性质。很明显,和其他过程类似,生命也有开始和结束,每个开始也是结束的开始。弗洛伊德想要表达的可能是这样一个基本事实:每个过程都是一种能量现象,所有能量只能从矛盾的张力中产生。

---

① 《心理分析纲要》(原版1940),标准版,XXIII,148页。

Ⅲ 另一个观点：权力意志

到目前为止，我们基本上从弗洛伊德的角度考虑了这种新心理学的问题。毫无疑问，它向我们展示了一个非常真实的真理，我们的骄傲和文明意识可能会否认它，尽管我们内心的其他某种成分表示赞同。许多人觉得这个事实非常令人恼火。它会激起他们的敌意甚至恐惧，因此他们不愿意承认这种冲突。事实上，一个可怕的想法是，人也有阴暗面，不仅包括轻微的缺陷和弱点，而且还包括一种积极的恶魔般的活力。个体对此几乎一无所知；对他来说，作为个人，他在某种情况下超越自己的想法是不可思议的。但是，如果让这些无害的生物聚集在一起，就会出现一个肆虐的怪物；每一个人只是怪物体内的一个小细胞，因此无论好坏，他都必须陪着它血腥地横冲直撞，甚至全力协助它。人们对这些严峻的可能性持有阴暗的怀疑态度，因此对人性的阴暗面视而不见。他盲目地反对原罪这一有益的教义，但它却是如此的真实。是的，他甚至不愿承认他痛苦意识到的冲突。你很容易理解，坚持阴暗面的心理学流派——即使它在这方面或那方面受到了误解和夸张——是不受欢迎的，更不用说可怕了，因为它迫使我们凝视这个问题的无底深渊。一种模糊的预感告诉我们，如果没有这个消极的一面，我们就不可能是完整的，我们的身体和其他人的身体一样，也会投下阴影，如果我们否认这个身体，我们就不再是三维的，只会变得平坦而没有实体。然而，这具身体是一头野兽，有着野兽般的灵魂，是一个绝对服从本能的有机体。与这个阴影的结合是对本能的肯定，对潜伏在背景中的强大活力的肯定。基督教的苦行道德希望将我们从这个阴影中释放出来，但它冒着在最深层次上瓦解人类动物本性的风险。

有没有人能够弄清，对本能的肯定意味着什

么？这就是尼采所渴望和教导的，而且他非常认真。他怀着罕见的热情，将他自己的整个生命奉献给了超人思想——通过服从本能超越自己的思想。这种生活的历程是怎样的呢？尼采本人在《查拉图斯特拉如是说》中对此作了预言。在书中，尼采预感到了不会被"超越"的绳索舞者的致命坠落。查拉图斯特拉对垂死的绳舞者说："你的灵魂会比你的身体死得更快！"后来，矮人对查拉图斯特拉说："哦，查拉图斯特拉，智慧之石！你自高自大，但每一块被抛起的石头都必须掉下来！你自己和你的抛石行为将会受到审判：哦，查拉图斯特拉，你确实把石头抛得很远——但它会落在你身上。"而当他为自己喊出"看这个人"时，又为时已晚，就像这句话上次被人说出时一样。在肉体死亡之前，灵魂已经开始受难了。

尼采是这种肯定态度的倡导者，我们必须以极具批判性的目光审视他的生活，以检验这种学说对他自身生活的影响。当我们带着这个目的审视他的生活时，我们一定会承认，尼采超越了本能，生活在英勇崇高的高度——只有在最细致的饮食、精心挑选的气候和很多助眠剂的帮助下，他才能维持在这个高度——直到紧张的情绪让他的大脑崩溃为止。他宣传肯定态度，但他却践行了否定态度。他极度厌恶人类，厌恶靠本能生存的人类动物。不管怎样，他都无法吞下他经常梦寐以求的蟾蜍，他害怕将其吞下去。查拉图斯特拉狮子的咆哮把所有吵着要活下去的"高级"人都赶回了潜意识的洞穴。所以，他的生活并不能使我们相信他的学说，因为"高级"的人希望在没有氯醛的情况下入睡，生活在充满"雾和阴影"的瑙姆堡和巴塞尔。他渴望妻子和后代，渴望在群体中的地位和尊重，渴望无数平凡的现实，尤其是那些非利士人的现实。尼采没能在生活中体现这种本能，体现这种生命的动物冲动。

虽然尼采伟大而重要，但他仍然具有病态人格。

不过，如果他过的不是本能的生活，他过的是什么呢？我们真的可以指责尼采在实践中否认了他的本能吗？他几乎不会同意这一点。他甚至可以毫不费力地表明，他过着最高意义上的本能生活。但是，我们可能会惊讶地问，人类的本能怎么可能驱使他与同类相分离，与人类完全隔离，由于厌恶而远离人群？我们认为，本能会将人类团结起来，促使他交配，生育，寻求快乐和美好的生活，满足所有的感官欲望。我们忘记了，这只是本能可能具有的方向之一。世界上不仅存在保存物种的本能，还存在保存自我的本能。

尼采说的显然是后一种本能，即权力意志。对他来说，任何其他本能都只是权力意志的追随者。从弗洛伊德性心理学的角度来看，这是最明显的错误，是对生物学的误解，是颓废神经症患者的幻想。这是因为，任何性心理学的追随者都很容易证明，尼采人生观和世界观中的一切崇高和英雄主义只不过是抑制和误解另一种本能的结果而已，这种本能被性心理学视为基本本能。

尼采的案例一方面表明了神经症片面性的后果，另一方面表明了在超越基督教的飞跃中潜伏的危险。尼采无疑深深地感受到了基督教对动物本性的否认，因此他寻求超越善恶的更高层次的人类整体性。但是，认真批评基督教基本态度的人也失去了这些态度给予他的保护。他毫不抗拒地把自己交给了动物的心灵。这是酒神狂热的时刻，是"金发野兽"令人难以抗拒的表现形式，它以莫名的颤抖抓住毫无戒心的灵魂。这使他变成了英雄或神一样的存在，变成了超人实体。他完全有理由感觉自己已经"超越善恶六千英尺"。

心理学观察者知道，这种状态是"对阴影的认同"，这一现象经常发生在这种与潜意识碰撞的时刻。此时，唯一有帮助的事情是谨慎的自我批评。第一，你几乎不可能发现震惊世界的真理，因为这种事情在世界历史上很少发生。第二，你必须仔细考察类似的事情是否在其他地方发生过——例如，文献学家尼采可以举出一些显而易见的古代类似案例，后者一定可以使他冷静下来。第三，你必须想到，狂欢经历可能只是对于某种异教形式的恢复，并不是什么新发现，它从一开始就是同一个故事的重复。第四，你必然会预见到，这种将心情愉快地提升到英雄或神明高度的做法一定会使你以同样的高度差坠入深渊。这些考量会使你获得有利视角。接着，你可以将整个狂欢简化到令人有些疲惫的登山旅行的规模，之后是永恒的普通日常生活。每条小溪都在寻找通往平原的河谷和大河。类似地，生活不仅在平凡地点向前流动，而且会使其他一切变得平凡。如果非凡事物不在灾难中消失，它可能会潜入平凡事物中，但这并不常见。如果英雄主义长期存在，它最终就会变成束缚，而束缚会导致灾难或神经症，或者同时导致灾难和神经症。尼采陷入了高度紧张状态中。不过，他完全可以通过基督教获得这种疯狂状态。这种状态也没有回答动物心理问题——因为疯狂的动物是妖怪。动物会不多不少地满足自己的生命法则。我们可以称之为顺从和"善良"。不过，疯狂者会绕过自己的生命法则，他的表现从自然角度看并不合适。这种不合适是人的专属特权，因为人的意识和自由意志偶尔可以违背自然，摆脱它们的兽性根源。这是一切文化不可缺少的基础，也是精神疾病不可缺少的基础。要想不受伤害，人不能承受太多的文化。

文化和天性的无尽冲突一直是太多和太少的问题，永远不是非此即彼的问题。

尼采的案例为我们带来了一个问题：与阴影即权力意志的冲突为他揭示了什么？他是否将其看作虚拟事物，看作抑制症状？权力意志是真实的，还是次要的？如果与阴影的冲突释放了大量性幻想，事情就会非常清晰；不过，事实并非如此。"事情的关键"不是爱洛斯，而是自我的权力。由此，我们可以认为，受到抑制的不是爱洛斯，而是权力意志。在我看来，"爱洛斯是真实的，权力意志是虚假的"这种观点是没有依据的。权力意志当然是和爱洛斯一样强大的魔鬼，而且和爱洛斯一样古老而原始。

尼采的生命以悲剧收场。大多数时候，他没有体现出基本的权力本能。你不能用虚假来解释他这种生活。否则，你就会做出不公平的判断，就像尼采判断和他完全对立的瓦格纳那样："他的一切都是虚伪的。他的真实成分受到了隐藏或掩饰。他是演员，包括演员一词的所有积极和消极含义。"为什么尼采具有这种偏见？因为瓦格纳体现了尼采忽视的另一种基本冲动,这种冲动是弗洛伊德心理学的基础。如果我们研究弗洛伊德对于另一种本能即权力冲动的看法,我们会发现,他将其理解成"自我本能"。在他的心理学中,和性因素极为广泛的发展相比,这些"自我本能"只占据了一个很小的角落。实际上,自我原则和本能原则可怕而持续的冲突是人性的负担:自我充满了障碍和限制,而本能是无限的,这两种原则同样强大。在某种意义上,如果你"只能意识到其中一种冲动",你可以认为自己很幸运。所以,永远不去了解另一种冲动实为明智之举。如果你真的去了解另一种冲动,你就完蛋了:你会陷入浮士德的冲突中。在《浮士德》第一部分,歌德向我们展示了接纳本能意味着什么。在《浮士德》第二部分,他展示了接纳自我及其怪异的潜意识世界意味着什么。我们内心一切不重要、琐碎、胆怯的成分都会由于这种接纳而退缩——这种行为还有一个绝佳的借口:我们发现,我们里面的"他者"其实是"另一位",是真实的人,他拥有一切卑鄙可憎的思想、行为、感觉和欲望。

通过这种方式，我们可以抓住这个幽灵，对他宣战，这使我们满意。这导致了一些长期癖好，道德史为我们保存了一些优秀案例。一个特别明显的例子是前面提到的"尼采反对瓦格纳，反对保罗"，等等。日常生活中充斥着这样的例子。通过这种巧妙设计，你可以避免浮士德的灾难。你的勇敢和力量完全无法应对这种灾难。不过，健全的人知道，他最大的一个甚至一群敌人完全无法与住在他身体里的"他者"相比，后者才是他最可怕的对手。尼采的身体里住着瓦格纳，所以他嫉妒瓦格纳的帕西法尔[1]；更糟糕的是，扫罗体内也住着保罗[2]。所以，尼采被精神玷污了，和扫罗类似，他不得不经历基督化，此时"他者"在他耳边说，"看那个人"。"在十字架前痛哭"的人是谁——是瓦格纳，还是尼采？

在命运安排下，弗洛伊德最早的信徒之一阿尔弗雷德·阿德勒构造了一种完全基于权力原则

---

[1] 《帕西法尔》是瓦格纳的名作。——译者注
[2] 扫罗悔改后更名为保罗。——译者注

的神经症观点①。同样的事情从相反的角度看是完全不同的，这非常有趣，而且极为迷人。我先说主要区别：在弗洛伊德看来，一切都是根据严格的因果关系从之前的环境中发展而来的，而在阿德勒看来，一切都是有目的的"安排"。下面是一个简单案例：一个年轻女人开始出现焦虑症状。晚上，她会发出令人毛骨悚然的叫喊，从梦中惊醒，几乎无法平静下来，只能抓着丈夫，恳求他不要离开，要求他向她保证，他真的爱她，等等。她逐渐出现了神经性哮喘，白天也会出现焦虑症状。

弗氏方法会立刻挖掘疾病及其症状的内心原因。最初的焦虑梦境包含什么内容？凶猛的公牛、狮子、老虎和恶人在攻击她。患者联想到了什么？她结婚之前发生的故事。当时，她住在山中的疗养胜地。她经常打网球，结识了一些朋友。一个年轻的意大利人网球打得特别好，还会在晚上弹吉他。他们无意中开始调情。一次，他们在

---

① 《神经症的构成》。

月光下散步。此时，意大利人的脾气"意外地"爆发了，这使毫无戒备的女孩非常惊慌。他恶狠狠地瞪了她一眼，令她终生难忘。这一眼甚至出现在她的梦中：追逐她的野兽就是用这种目光看她的。不过，这一眼真的只是来自意大利人吗？另一段回忆可以提供一些线索。患者大约十四岁时，她的父亲死于事故。她的父亲胸怀世界，经常旅行。在他去世前不久，他带着她去了巴黎，参观了许多景点，包括女神游乐厅。在那里，一件事情给她留下了难以磨灭的印象。在离开剧院时，一个涂着油彩的轻佻女子毫无顾忌地推了她父亲一把。她惊慌地观察父亲的反应，在他眼中看到了同样的目光，那是野兽般的怒视。这件无法解释的事情日夜萦绕在她心头。从此，她与父亲的关系变了。有时，她烦躁易怒，心中充满怨恨。有时，她毫无保留地爱他。接着，她会毫无理由地突然哭泣。在一段时间里，每当父亲在家中和她吃饭时，她都会出现严重的大口吸气症状，伴随着阵阵窒息。之后，她通常会失声一两天。当她听到父亲突然死亡的消息时，她感到无法控制的悲伤，之后是一阵阵歇斯底里的大笑。不过，她很快平静下来。她的状况迅速好转，神经症症状几乎消失了。她暂时忘记了过去。只有和意大利人的交往激起了她所惧怕的一些内心事物。接着，她突然切断了和对方的所有联系。几年后，她结婚了。在她第二个孩子出生以后，她首次出现了现在的神经症。当时，她发现丈夫对另一个女人存在某种感情。

这段历史引出了许多问题。例如，她的母亲怎么样？与母亲有关的事实是，她非常紧张，尝试了各种疗养院和治疗方法。她也存在神经性哮喘和焦虑症状。根据患者的回忆，父母的关系一直非常疏远。母亲并不能很好地理解父亲；患者一直感觉母亲可以更好地理解父亲。父亲承认喜欢母亲。相应地，患者的内心对于母亲很冷淡。

这些暗示足以为我们提供疾病的整体画面。当前症状背后隐藏着一些幻想，它们与患者和意大利人的经历直接相关，同时显然指向父亲。父亲不幸福的婚姻很早就为小女儿提供了机会，使她可以获得本应由母亲占据的位置。在这种占据背后，她显然幻想成为真正适合父亲的妻子。神经症首次发作时，她的幻想受到了严重冲击，这种冲击大概和母亲受到的冲击同样强烈，尽管女儿不知道这一点。人们很容易将这些症状理解成爱情失望和受到冷落的表达。窒息源于喉咙的收缩感，这是患者无法"吞下"强烈情感时的常见现象。（我们知道，日常用语中的比喻常常与这些生理现象有关。）当父亲去世时，她的意识头脑悲痛欲绝，但她的阴影在笑，就像捣蛋鬼提尔（Till Eulenspiegel）一样。提尔在事情走下坡路时悲伤，但在疲惫的上坡路上充满了快乐，总是对前方事物非常好奇。当父亲在家时，女儿很沮丧，身体不适；当他不在家时，她总是感觉很好，就像无数丈夫和妻子那样，他们相互隐藏着一个甜蜜的秘密：对方对自己来说并不是不可缺少的。

随后的健康阶段表明，潜意识此时有理由欢笑。她成功忘掉了全部过去。只有与意大利人的交往有可能使她的地下世界复苏。不过，她迅速关上了这扇门，保持健康状态，直到神经症的恶龙悄悄爬回来。当时，她幻想自己已经安全地翻越了高山，成了妻子和母亲，处于完美状态。

性心理学认为，神经症的原因在于，患者无法从根本上摆脱父亲。当她在意大利人身上发现某种神秘事物时，她与父亲的经历再次浮出水面，因为这个"神秘事物"之前为她留下了与父亲有关的难以磨灭的印象。她与丈夫的类似经历自然使这些记忆再次复活，这是神经症的直接原因。所以，我们可以说，神经症的内容和原因是患者幼年和父亲的情爱关系与她对丈夫的爱之间的冲突。

不过，如果我们从"另一种"本能即权力意志的视角观察同一幅临床画面，我们会看到完全不同的景象。父母不幸福的婚姻为孩子的权力冲动提供了绝佳机会。权力本能希望自我在所有情况下不择手段地"登顶"。"人格的完整性"必须不惜一切代价得到保持。借用阿德勒的说法，环境对于主体的任何支配尝试都会遇到"男性抗议"，即使这种尝试只是表面上的。母亲的幻灭和她撤退到神经症中的做法创造了展示权力和获得支配地位的理想机会。从权力本能角度看，爱和良好行为是实现这一目的的绝佳手段。美德的作用常常是强迫他人承认自己。作为孩子，患者已经知道如何通过特别的逢迎和深情的行为在父亲那里获得特殊地位，如何胜过母亲——这不是为了对父亲的爱，而是因为爱是占据上风的好方法。她在父亲去世时的大笑就是这一点的明确证据。我们往往将这种解释看作对于爱情的可怕贬低甚至恶意讽刺，直到我们进行片刻的思考，观察世界的真面目。我们看到，无数人爱别人，相信自己的爱情，但是当他们实现目的时，他们转身而去，仿佛从未爱过对方。归根结底，这难道不是自然之道吗？"无私"的爱情真的有可能存在吗？如果是，它就是最优秀的美德，但是这种情况极为罕见。也许，人们普遍不愿意关注爱情的目的。否则，我们可能会发现，我们的爱情并没有想象的那么有价值。

接着，患者在父亲去世时大笑——她终于登顶了。这是歇斯底里的大笑，是心因症状，它来自潜意识动机，而不是来自意识自我的动机。这是不能忽视的差异，它也可以告诉我们，某些人类美德是从哪里通过怎样的方式产生的。这些美德的对立面下了地狱——用现代术语来说，是进入了潜意识——在那里，意识美德的对应物一直在积累。所以，为了所有美德，我们完全不想了解潜意识；实际上，不承认潜意识是道德睿智的顶点。可惜，潜意识一直伴随着我们，就像霍夫曼（Hoffmann）的故事《魔鬼的灵丹妙药》中的梅达尔杜斯兄弟（Medardus）一样：在某个地方，我们有一个邪恶可怕的兄弟，他和我们拥有相同的形体，拥有并恶意囤积我们很想隐藏在桌面下的一切。

当患者意识到她无法支配父亲的一切时，她的神经症第一次发作。接着，她获得了重大发现。她现在知道了母亲神经症的目的：当她遇到无法通过理性方法和魅力克服的障碍时，还有一种她之前不知道，但她的母亲已经发现的方法，那就是神经症。从此，她开始模仿母亲的神经症。你可能会吃惊地问，神经症有什么好处呢？它有什么作用呢？每个住在神经症确诊患者附近的人都很清楚它的"作用"。要想欺压整个家庭，没有比这更好的方法了。心脏病、窒息和各种痉挛可以产生无与伦比的巨大效果。大家会对你呵护备至，父母会痛苦而担忧，仆人会跑前跑后，电话铃会响起，医生会匆匆赶来，进行艰难的诊断、详细的检查和漫长的治疗，带走昂贵的治疗费用，而患者无辜地躺在所有这些喧嚣的中心。当她最终从"痉挛"中恢复过来时，所有人都会充满喜悦。

借用阿德勒的说法，小孩子发现了这种绝佳"安排"。每次父亲在家时，她都成功使用了这种方法。当父亲去世时，这种做法变得多余了，因为她现在终于登顶了。当意大利人通过恰当表露男性气概过度强调她的女性气质时，她甩掉了他。当合适的婚姻机会出现时，她爱上了对方，毫无怨言地接受了做妻子和母亲的命运。当她尊崇的优越感得到维持时，一切都进展得很顺利。不过，当她的丈夫对外人产生些许兴趣时，她像之前那样直接求助于极为有效的"安排"，以直接施行她的权力，因为她再次遇到了障碍，这次的障碍在她丈夫身上。之前，在她父亲身上，她无法克服这个障碍。

这就是从权力心理学角度观察到的现象。我担心，读者会觉得自己像下级法官一样，在听完一方的辩护后说："你说得很好。我感觉你是对的。"接着，另一方开始辩护。当他结束辩护时，法官挠着耳后说："你说得很好。我感觉你是对的。"权力冲动的确扮演着极为重要的角色。神经症的症状和情结的确也是精心设计的"安排"，极为固执、狡猾、无情地追逐着自己的目标。神经症以目的为导向。这种观点在很大程度上是由阿德勒确立的。

这两种观点中的哪一种是正确的？这个问题可能令人非常头疼。你根本无法将这两种解释并置，因为它们完全是相互矛盾的。一种解释认为，主要的决定因素是爱洛斯及其命运；另一种解释认为，这个因素是自我的权力。对于前者，自我只是爱洛斯的某种附庸；对于后者，爱只是实现权力这一目的的手段而已。内心重视自我权力的人反对第一种观念，而对爱情最为重视的人永远无法接受第二种观念。

Ⅳ 态度类型问题

1

前面几章讨论的两种理论的不兼容性要求我们采用高于这两种理论的立场，以便将它们统一起来。我们当然没有权力为了一种理论而抛弃另一种，不管这种权宜做法多么方便。这是因为，如果你不带偏见地考察这两种理论，你就必须承认，二者都含有重要真理。虽然它们互相矛盾，但你不能认为它们是相互排斥的。弗氏理论简单而迷人，因此如果有人插入相反的说法，你很可能会感到痛苦。阿德勒的理论也是如此，它同样简单而富于启发性，可以和弗氏理论解释同样多的现象。难怪两个学派的拥护者固执地坚持自己片面的真理。由于人类可以理解的原因，他们不愿意放弃美妙完整的理论，以交换某种悖论，或者迷失在两种观点混乱的矛盾中，后者更加糟糕。

由于两种理论在很大程度上是正确的——也就是说，由于它们似乎都可以解释病情——因此神经症一定有两个相反的方面，分别被弗氏理论和阿氏理论所掌握。不过，为什么每个研究者只看到了其中一面，并且认为自己拥有唯一有效的观点呢？这一定是因为，由于两位研究者的心理特质，他们最容易在神经症中看到与自己特质相对应的因素。你不能认为，阿德勒看到的神经症病例与弗洛伊德看到的神经症病例是完全不同的。两个人显然都在处理相同的疾病；由于个人特质，他们采用了不同的观察角度，因此形成了完全不同的观点和理论。阿德勒看到，感到压抑和自卑的主体试图通过对于父母、老师、规章、权威、局面、制度的"抗议""安排"和其他合适途径获得虚幻的优越感。就连性也可以成为其中的一种途径。这种观点过度强调主体。在主体面前，客体的特质和意义完全消失了。客体最多只能被看作抑制趋势的载体。我大概可以认为，在阿德勒看来，爱情关系和其他指向客体的欲望是同样重要的因素；不过，在他的神经症理论中，它们并没有扮演弗洛伊德赋予它们的主要角色。

弗洛伊德从患者与重要客体的关系和对重要客体的长期依赖这一角度看待患者。在这里，父亲和母亲扮演着重要角色；患者生活中的其他任何重要影响和条件都可以沿着因果链条直接追溯到这些主要因素。弗氏理论的一大特色是移情概念，即患者与医生的关系。总会有一个拥有特定资质的客体受到患者的喜爱或反抗，这种反应总是遵循患者在最早的童年与父母建立的模式。来自主体的其实是对于快乐的盲目追求；这种追求的性质总是来自特定客体。在弗洛伊德看来，客体具有最大的意义，拥有近乎专属的决定力量，而主体一直是微不足道的，只不过是快乐欲望和焦虑的来源而已。我说过，弗洛伊德认识到了自我本能，但这个词语本身足以说明，他的主体概念与阿德勒存在天壤之别,后者将主体看作决定因素。

当然,两位研究者都看到了主体和客体的关系,但他们对这种关系的看法是多么不同啊!阿德勒强调主体,认为不管客体是什么,主体都会寻求自身的安全和支配地位;弗洛伊德只强调客体,认为根据客体的具体性格,他会促进或阻碍主体的快乐欲望。

这种差异只能是性情差异,即两种人类心态的对比,其中一种认为主体是主要决定因素,另一种认为客体是主要决定因素。根据常识,中间观点应该认为主体和客体对于人类行为具有同样大的影响。另一方面,两位研究者很可能会宣称,他们的理论不是对于正常人的心理解释,而是神经症理论。这样一来,弗洛伊德需要根据阿德勒的思路解释和治疗他的一些病人,阿德勒也需要在一些情况下认真考虑前教师的观点——但他们都没有这样做。

这种奇特困境使我开始思考一个问题:是否存在至少两类不同的人,其中一种更加关注客

IV 态度类型问题

体,另一种更加关注自身?这是否可以解释一个人只观察客体,另一个人只观察主体,因而得到完全不同结论的现象?我们说过,我们几乎不能认为,命运会对病人进行仔细挑选,使某一类病人总是去看某一个医生。在一段时间里,我发现,在我和同事的工作中,一些患者处理起来特别顺利,另一些患者很难取得进展。医生和患者能否建立良好关系对于治疗特别重要。如果不能在短时间内形成某种自然的信任,患者最好选择另一个医生。如果患者的特质和我不合,或者无法令我同情,我很愿意将其推荐给同事,这对患者本人也有好处。我相信,对于这种患者,我无法取得好结果。每个人都有自己的局限性,心理治疗师最好永远不要忽视这一点。过度的个人差异和不兼容性会导致不成比例、不合时宜的阻力,尽管它们并不总是没有理由的。弗洛伊德和阿德勒的争论只是众多态度类型的一个典型案例而已。

我曾长期研究这个问题。最后,根据许多观察和经验,我提出了两种基本态度的假说,即内倾和外倾。第一种态度通常具有犹豫、沉思、孤僻的性质，这种人独来独往，回避客体，总是采取某种辩护姿态，喜欢怀疑别人，对别人进行核实。第二种态度通常具有外向、坦率、包容的性质，这种人很容易适应指定局面，可以迅速结交朋友，常常将可能的疑虑抛在脑后，轻率而自信地冒险进入未知环境。对于前者，最重要的显然是主体；对于后者，最重要的显然是客体。

自然，这些评论对于两种类型的描述是极为粗略的[①]。根据经验，你很少能以纯粹的形式观察到这两种态度。我稍后还会谈论这两种态度。它们拥有无限的差异和补偿，你通常很难确定患者的类型。除了个体波动，变异的另一个原因是思考、感觉等某种意识功能的主导地位，它为基本态度赋予了特殊性质。基本态度的众多补偿通常源于经验，后者大概以极为痛苦的方式告诉一个人，他无法自由放任他的本性。在其他情况下，比如对于神经症患者而言，你常常不知道你面对

[①] 我在《心理类型》中对类型问题进行了充分研究。

的是意识态度还是潜意识态度，因为由于人格的分裂，站在前台的有时是这一半人格，有时是另一半人格，这会混淆你的判断。所以，和神经症患者共同生活令人极为头疼。

我在前面提到的书中描述了八组类型差异[①]。由于类型差异普遍存在，我把两种存在争议的神经症理论看作类型对立的表现形式。

由于这种发现，我需要超越对立，创造一种公平对待对立双方的理论。为此，对于上述两种理论的批判是至关重要的。在应用于平庸的现实时，两种理论竭力想要将宏大的理想、英勇的态度、高贵的感觉和深刻的信念简化成平庸的现实。你绝对不应该以这种方式使用这两种理论，因为它们是来自医生军械库的合适治疗工具。医生的刀必须尖锐而无情，以切除患病和受伤部位。这就是尼采对于理想进行毁灭性批评的目标，他认

---

① 这自然不包括所有现存类型。更多差异点包括年龄、性别、活动、情绪和发展水平。我的类型心理学基于意识的四种导向功能：思考、感觉、感知和直觉。参考同上（1923版，428页及后页）。

为理想是人类灵魂的病态增生组织（它们有时的确如此）。在真正了解人类灵魂的优秀医生那里——用尼采的话说，这种医生拥有"出神入化的手指"——在应用于真正患病的灵魂时，这两种理论都是健康的腐蚀剂。当它们的剂量适合个体患者时，它们帮助很大。不过，在不懂得测量和衡量的人手中，这两种理论是有害而危险的。它们是批判性方法。和所有批判类似，当你必须摧毁、分解或简化某件事情时，它们可以发挥作用，但是当你需要建造某件事情时，它们只会带来伤害。

所以，和毒性药物类似，如果交给可靠的医生，这两种理论不会带来不良后果，因为要想让这些腐蚀剂发挥作用，你需要对于人类心理拥有不同寻常的了解。你必须能够区分什么是病态而无用的，什么是宝贵而值得保留的，这是最困难的事情之一。如果你想生动了解心理分析医生通过狭隘的伪科学偏见对于患者不负责任的歪曲，你应该阅读默比乌斯（Mobius）对于尼采的论述，或者对于基督"病例"的各种"精神病学"

论述。你会毫不犹豫地对遇到这种医生的患者发出"三重哀悼"。

两种神经症理论不是普适理论，而是适用于局部的腐蚀疗法，具有破坏性和还原性。它们只会说，"你只不过是……"它们对患者解释说，他的症状来自这里或那里，无非是这样或那样。你不能说这种还原对于指定病例是错误的；不过，还原理论无法上升到既能解释健康心理，又能解释患病心理的高度。这是因为，不管是否健康，人类心理无法仅仅通过还原来解释。爱洛斯当然一直存在于世界各地，权力冲动当然遍布心理的各个角落，但心理并不仅仅是二者中的一个，也不是二者的组合。它还包括它过去和未来从二者发展出来的东西。当我们知道一个人全部成分的来源时，我们只能理解他的一半。如果它们代表了全部，他完全可以在几年前死去。作为生命体的他并没有被我们理解，因为生命不只拥有昨天，无法通过将今天还原到昨天得到解释。生命还有明天。只有既了解昨天，又了解明天的开端，我们才能理解今天。这适用于所有生命的心理表达，包括病理症状。神经症的症状不只是漫长过往的结果，不管这个过往是"婴儿期性欲"还是婴儿期权力冲动；它们也是对于新的生命综合的尝试——包括不成功的尝试，以及拥有核心价值和意义的尝试。它们是由于内心和外部环境恶劣而没能发芽的种子。

读者一定会问：作为人性最无用、最讨厌的诅咒，神经症的价值和意义到底是什么呢？成为神经症患者到底有什么好处呢？它的好处可能与苍蝇和其他害虫一样多，后者是恩主为了让人类有用的耐心美德发挥作用而创造出来的。不管这种想法从自然科学角度看多么愚蠢，它从心理学角度看都是足够合理的，如果我们把"害虫"换成"神经症状"的话。就连蔑视愚蠢和平庸思想的罕见天才尼采也不止一次承认，他的疾病为他带来了许多好处。在我认识的人中，不止一个人将自己的全部作用和存在意义归功于神经症，后者阻止了他生活中最糟糕的蠢事，迫使他采取了发展个人宝贵潜能的生活模式。如果神经症没有用铁腕将他固定在原来的位置上，这些事情是不会发生的。实际上,一些人的全部人生意义和真正价值存在于潜意识中,他们的意识头脑里只有诱惑和错误。另一些人刚好相反,他们的神经症拥有不同意义。后一种人最好接受彻底的还原,前一种人则不必如此。

现在,你也许愿意承认神经症在某些情况下有意义,但是不承认它在日常生活中拥有极为普遍的目的性。例如,对于上述处于歇斯底里焦虑状态的哮喘患者,神经症能有什么意义呢?我承认,神经症的价值在这里并不明显,尤其是当你从理论还原角度即个体发展阴暗面角度考虑病例时。

在这方面,我们讨论的两种理论显然拥有许多共同点:它们无情地揭示了属于人类阴暗面的一切。这些理论和假设解释了患者的致病因素。所以,它们不关心人的积极价值,只关心使它们引人注目而又令人不安的消极价值。

"价值"是展示能量的可能性。由于消极价值也是展示能量的可能性——神经症患者引人注目的能量展示最为清晰地体现了这一点——因此它也是"价值",但它会导致无用和有害的能量展示。能量本身与善恶无关,谈不上有益和有害。能量是中性的,因为一切取决于能量的形式。形式为能量赋予了性质。另一方面,没有能量的形式同样是中性的。所以,要想创造真正的价值,你既需要能量,又需要有价值的形式。神经症患者拥有心理能量[①],但它显然处在低级无用的形式中。两种还原理论充当了这种低级形式的溶剂。它们是得到认可的腐蚀疗法,为我们带来了自由的中性能量。之前,我们假设这种得到释放的能量处于患者的意识掌控下,可以被他随意使用。人们认为能量只是本能的性力量,因此人们谈论它的"高尚"使用,其假设是,在分析帮助下,患者可以将性能量引导到"升华"状态,即以无性方式将它用在艺术实践中,或者用在其他某种有益或有用的活动中。根据这种观点,患者可以通过自由选择或偏好,实现本能力量的升华。

---

① 参考我的文章《论心理能量》。

我们可以认为这种观点有一定的合理性，前提是人可以为自己的人生制定明确规划。不过，我们知道，任何人类预见和智慧都无法规定我们的整体人生方向，只能确定暂时的方向。这当然只适用于"普通"式人生，不适用于"英雄"式人生。后者的确存在，但非常罕见。在这里，我们当然不能说，你不能为人生提供明确方向，或者只能提供短暂的方向。英雄式人生是绝对的——也就是说，它是由重大决定导向的，沿着某个方向前进的决定有时会使人得到痛苦的结局。诚然，医生面对的主要是普通人，很少遇到自愿做英雄的人。即使遇到，大多数人的英雄主义也只是流于表面，是对高于自身的命运的幼稚反抗，或者用于掩饰某个敏感弱点的面子工程。在这种极为单调的生活中，很少有健康的与众不同，引人注目的英雄主义也没有太多生存空间。这并不是说我们永远不会受到英雄式的要求：相反——这正是令人极为愤怒厌恶的地方——平凡的日常生活对我们的耐心、奉献、毅力和自我牺牲提出了平凡的要求；要想谦逊地满足要求（我们必须满足要求），同时不会凭借英雄姿态赢得掌声，我们需要无法从外部看到的英雄主义。它不会发光，不会受到赞扬，总是隐藏在普通的衣着下。如果这些要求得不到满足，它们就会导致神经症。为了躲避它们，许多人勇敢地做出重大人生决策并将其付诸实践，尽管它在正常人看来是巨大的错误。在这种命运面前，你只能低头。不过，我说过，这种情况非常罕见，大多数人并非如此。他们的人生方向不是简单的直线；命运为他们带来了复杂的迷宫，里面有无数可能性，但是只有一种是他们自己的正确道路。谁能擅自提前指定这个唯一的可能性——即便他对自己的性格了如指掌？意志的确可以取得很多成就，但是考虑到某些明显拥有强烈意志的名人的命运，不惜一切代价将自己的命运交给意志是一个巨大错误。我们的意志是由思考调节的功能；所以，它取决于思考的质量。如果这种思考真的是思考的话，它应该是理性的，即符合理智。不过，是否有人能够证明，人生和命运符合理智，也是理性的？相反，我们完全有理由认为，它们是非理性的，或者说在根本上基于超越人类理智的事物。我们所说的偶然性体现了事件的非理性。显然，我们不得不否认偶然性，因为我们在原则上无法想到没有因果关系和必要性，因而无法偶然发生的过程①。不过，在实践中，偶然性无处不在，而且会突然出现，因此我们最好把因果哲学装进兜里。生活的丰富性既受法则支配，又不受法则支配，既理性，又不理性。所以，理智和基于理智的意志只在一定程度上是有效的。我们越是沿着理智方向前进，我们可能就越相信，我们正在排除同样有理由存在的非理性人生可能。实际上，人类对于人生方向选择权的提高在很大程度上只是权宜之计。我们也许可以公平地说，获得理智是人类最大的成就，但这并不意味着事情必须朝着这个方向前进，或者永远都会朝着这个方向前进。即使在最乐观的文化支持者心中，第一次世界大战的可怕灾难

---

① 现代物理学终结了这种严格因果关系。现在，我们只有"统计概率"。早在 1916 年，我就指出了因果视角在心理学中的局限性。为此，我在当时受到了严厉批评。参考我在《分析心理学论文集》第二版中的前言，选自《弗洛伊德与心理分析》，293 页及后页。

也画上了重重的一笔。1913年,威廉·奥斯特瓦尔德(Wilhelm Ostwald)写道:

> 全世界都承认,目前的武装和平状态无法维系,正在逐渐失去可能性。这种状态要求每个国家做出重大牺牲,这远远超出了文化方面的支出,但却没有获得任何积极价值。如果人类能够通过某种方式和途径摆脱这些战争准备(这种战争从未发生),使国家在力量和效率上处于最佳年龄的很大一部分男性公民不再由于战争目的而行动受限,摆脱当前状态导致的其他无数邪恶,我们就可以释放出巨大的能量,迎来过去难以想象的文化繁荣。这是因为,虽然战争是最古老的意志冲突解决途径,但它和个人斗殴一样,最不适合解决意志冲突,会导致最为严重的能量浪费。所以,潜在战争和实际战争的完全消除是提升效率极为重要的条件,是今日极为重要的文化任务之一。[1]

不过,命运的非理性与善意思想家的理性不符;它不仅毁灭了人们积累的武器和军队,而且

---

[1] 奥斯特瓦尔德,《价值哲学》,312、313页。

进行了疯狂、骇人、前所未有的大屠杀——人类由此可以得出结论：命运只有一面可以被理性意图掌握。

适用于整个人类的道理也适用于每个个体，因为人类完全是由个体组成的。世界上既有人类心理学，又有个体心理学。世界大战使人们对于文明的理性意图产生了可怕的看法。个体的"意志"在国家身上叫做"帝国主义"，因为一切意志都是在展示掌控命运的力量，即排除偶然性的力量。文明是自由能量"有目的"的理性升华，是意志和意图带来的。个体也是如此。世界文明思想在战争手中得到了可怕的纠正；类似地，个体必须经常在生活中认识到，所谓的"可支配"能量并不归他支配。

一次，在美国，一个45岁左右的商人向我咨询，他的案例很好地体现了上述观点。他是典型的白手起家式美国人，是从底层爬上来的。他非常成功，创办了一家很大的企业。他把企业组织得很好，已经可以考虑退休了。实际上，在我见到他两年前，他已经离开了公司。在此之前，他完全为他的企业而活，用难以置信的专注和成功美国商人特有的片面性将全部精力投入其中。他购买了豪华的住宅，想在那里"生活"，即骑马、开车、打高尔夫球、打网球、举办派对等等。不过，这只是他一厢情愿的想法。本该由他支配的精力无法进入这些诱人的活动中，而是沿着另一个方向溜走了。在他渴望的天堂生活开启几个星期后，他开始为体内奇特而模糊的感觉担忧。几个星期后，他陷入了极端疑病症状态。他的神经彻底崩溃了。他从拥有出众体力和丰富精力的健康人变成了易怒的孩子。他的一切荣耀就此结束。他从一种焦虑状态陷入另一种焦虑状态，闷闷不乐，担心得要死。接着，他咨询了一位著名专家，后者立刻认识到，他没有任何问题，只是缺少工作而已。患者认为这种观点有道理，返回了之前的工作岗位。不过，令他极为失望的是，他无法对工作产生任何兴趣。耐心和决心都没有用。他无法通过任何方式重新把精力投入工作中。他的状况自然比之前更加糟糕。他之前的所有创造性生命力现在带着可怕的毁灭力量和他作对。

他的创造天赋背叛和反抗他。他之前在世界上建立了巨大的组织。现在,他心中的魔鬼编织了同样精妙的疑病性幻觉系统,彻底摧毁了他。当我看到他时,他已经成了无助的行尸走肉。不过,我试图使他明白,他可以从工作中收回巨大的精力,但是这些精力必须要有一个去处。最精良的马匹、最豪华的汽车和最有趣的派对很可能无法吸引这些精力,尽管"终生认真工作的人自然有权享乐"的想法是足够理性的。是的,如果命运也具有人类的理性,你当然应该先工作,然后获得你应得的休息。不过,命运是非理性的,生命能量会不合时宜地要求你提供适合它的坡度,否则它就会积累起来,变成破坏力量。它倒退到之前的局面中——对于这位患者,它倒退到他25年前感染梅毒的回忆中。不过,这只是通往婴儿期回忆的中间阶段而已,这些回忆在他成长过程中完全消失了。为他的症状确定方向的是他最初与母亲的关系:这些症状是一种"安排",其目的是吸引母亲的注意和兴趣,尽管他的母亲早已死去。这仍然不是最终阶段,因为症状的最终目标是使他回归自己的身体。自从长大以后，他一直在用头脑生活。他只分化了自己的一部分，另一部分仍然处于惰性物理状态。要想"生活"，他需要另一部分。疑病性"抑郁"促使他回到之前一直被他忽视的身体中。如果他能遵循抑郁和疑病性幻觉指示的方向，意识到这种状况产生的幻想，他将走上救赎之路。他自然没有对我的说法做出反应，这并不出乎我的意料。他病得很深，即使治疗到他去世时，他也很难康复。

这个例子清晰表明，我们没有能力将"可支配"能量随意转移到合理选择的客体上。一般而言，当我们通过还原分析摧毁能量的无用形式时，患者释放出的看似可以支配的能量也是如此。我们说过，这种能量最多只能以主动形式使用一小段时间。大多数情况下，它在任何时间长度内都拒绝接受理性提供的可能性。心理能量非常挑剔，坚持要求满足自己的条件。在我们成功找到合适的坡度之前，不管有多少能量，我们都不能对其加以利用。

Ⅳ 态度类型问题

坡度问题是一个非常现实的问题,出现在几乎所有分析中。例如,在有利情况下,当被称为力比多的可支配能量①占据理性客体时,我们认为,通过有意识地使用意志,我们实现了转变。不过,我们在此受到了欺骗,因为如果这个方向没有坡度,我们不管怎样努力都没有用。有时,尽管我们拼命努力,尽管我们选择的客体或理想的形式为所有人留下了合理的印象,转变仍然拒绝发生,我们只能得到新的抑制。这种病例体现了坡度的重要性。

---

① "力比多"一词是弗洛伊德发明的,非常实用。根据前文,读者应该明白,我所使用的"力比多"一词具有更加宽泛的含义,它表示心理能量,相当于心理内容被赋予的强度。弗洛伊德根据理论假设将力比多等同于爱洛斯,试图将其与一般心理能量区别开来。例如,他说[《关于性理论的三篇论文》(原版1908),217页]:"我们将力比多概念定义为变量力量,它可以衡量性兴奋领域的过程和转变。就其特殊来源而言,我们将这种力比多与一般心理过程的基本能量相区别。"弗洛伊德在其他地方指出,关于破坏性本能,他缺少"与力比多类似的术语"。由于所谓的破坏性本能也是能量现象,因此我认为,更简单的做法是将力比多定义成所有心理强度的术语,并因此将其定义成纯粹心理能量。参考我的《转变的符号》,190段及后段;另见《论心理能量》,4段及后段。

我已经极为清晰地认识到，生命只能沿着有坡度的路径向前流动。不过，没有矛盾冲突，就没有能量；所以，我们需要发现意识头脑态度的对立面。有趣的是，这种矛盾补偿在神经症的历史理论中也扮演了重要角色：弗洛伊德的理论信奉爱洛斯，阿德勒的理论信奉权力意志。根据逻辑，爱的对立面是恨，爱洛斯的对立面是福波斯（恐惧）；不过，在心理学上，这个对立面是权力意志。被爱统治的地方没有权力意志，被权力意志统治的地方缺少爱。二者都是对方的影子：采用爱洛斯视角的人可以在权力意志中找到补偿性对立面，强调权力的人可以在爱洛斯中找到对立面。从意识态度的片面视角来看，阴影是人格的低级成分，因此通过强烈抵制得到了抑制。不过，被抑制的内容必须得到意识，以便生成矛盾冲突。没有矛盾冲突，你就不可能前进。意识头脑在上方，阴影在下方。高总是渴望低，热总是渴望冷。类似地，一切意识也许在无意中寻找潜意识对立面，因为没有潜意识，意识一定会陷入停滞、拥挤和僵化。只有矛盾的火花才会形成生命。

对于理智逻辑和心理学偏见的让步迫使弗洛伊德将爱洛斯的对立面称为破坏性本能或死亡本能。这是因为，首先，爱洛斯不等于生命；对于任何将爱洛斯等同于生命的人，爱洛斯的对立面自然应该是死亡。其次，我们都觉得我们自身最高原则的对立面一定具有纯粹的破坏性、致命性和邪恶性。我们拒绝赋予它任何积极生命力，因此我们回避并畏惧它。

我已经指出，生命和哲学有许多最高原则。所以，它们也有同样多的矛盾补偿形式。前面提到了我所认为的两种主要对立类型，我称之为内倾型和外倾型。威廉·詹姆斯（William James）[1]已经在思想家之中发现了这两种类型的存在。他将其区分为"软心肠"和"硬心肠"。类似地，奥斯特瓦尔德[2]在学者之中发现了"古典"类型和"浪漫"类型之分。我只是在许多著名人物中举出了两个例子而已。所以，我的类型思想并非独创。历史研究表明，许多重要精神争论取决于两种类

---

[1]《实用主义》。
[2]《伟大风度》。

型的对立。其中，最重要的例子是唯名论和唯实论之间的对立。这种对立始于柏拉图学派和麦加拉学派的差异，成为经院哲学的遗产。阿伯拉尔（Abelard）至少做出了用"概念主义"统一两种对立视角的冒险尝试，这是他的伟大功绩①。这种争论一直持续到今日，表现为唯心主义和唯物主义的对立。和之前一样，这种类型对立不仅体现在整个人类心理中，也体现在个体身上。更详细的研究表明，每种类型都有与对立面结合的偏好，二者在无意中互为补充。内倾者的反思性格使他总是在行动之前思考，这自然使他行动迟缓。他对事物的回避和不信任会导致犹豫，因此他总是难以适应外部世界。反过来，外倾者与事物拥有积极关系。可以说，他被事物吸引，新的未知局面令他着迷。为了深入了解未知事物，他会全身心投入其中。他通常先行动，后思考。因此，他行动迅速，没有担忧和犹豫。所以，两种类型似乎可以形成共生关系，一个负责反思，另一个负

---

① 《心理类型》（1923版，62页及后页）。

责主动采取实际行动。如果两种类型的人结婚，他们可以形成理想的伴侣。只要他们完全投身于对多种外部生活需求的适应中，他们就可以实现很好的配合。不过，当男人赚到足够多的钱，或者一大笔遗产从天而降，外部需求不再迫切时，他们就有时间相互端详了。之前，他们背对背站立，以应对生活需求。现在，他们转过身来，面对面站立，寻求对方的理解——结果发现，他们从未理解对方。两个人说着不同的语言。接着，两种类型的冲突开始了。即使这种斗争是在最为私密的地方悄悄进行的，它也极为恶毒野蛮，充满了相互贬低。这是因为，一个人的价值是对另一个人价值的否定。你有理由认为，每个人在意识到自身价值的同时可以和平地认识到对方的价值。这样一来，任何冲突都是多余的。我见过许多采用这种思路的案例，但它们并没有取得满意结果。如果问题发生在正常人身上，这种重要转变阶段可以实现比较平稳的过渡。我所说的"正常人"是指在所有满足最低生活需求的环境下都能存活的人。不过，许多人做不到这一点。所以，正常人并不多。我们通常所说的"正常人"其实是一种理想形象，其均衡的性格在人群之中非常罕见。到目前为止，大多数具有某种差异性的人所需要的生活条件远远不止食物和睡眠保障。对于他们，共生关系的结束会带来严重冲击。

这一现象的原因并不容易理解。不过，如果你能想到，任何人都不是单纯的内倾型或外倾型，而是同时拥有两种态度的可能性——尽管他只发展出了其中一种态度，作为适应功能——你就会立刻猜到，内倾者的外倾隐藏在内心的某个地方，处于休眠和未开发状态，内倾也以同样的阴影状态存在于外倾者身上。事实的确如此。内倾者的确拥有外倾态度，但它在潜意识中，因为他的意识目光一直注视着主体。他当然看到了客体，但他对其拥有错误或抑制性思想，因此一直尽量远离客体，仿佛客体是可怕而危险的事物。我会用一个简单的例子说明这一点：

假设两个年轻人在野外闲逛。他们发现了一

座漂亮的城堡。二人都想进去看一看。内倾者说，"我想知道里面的样子。"外倾者回答说："好的，我们进去吧，"然后走向大门。内倾者退缩了——"也许我们进不去，"他说。他在脑海中想到了警察、罚款和恶狗。对此，外倾者回答说："我们可以问一问。他们会让我们进去的"——他想到了友好的老门卫、好客的领主和浪漫探险的可能性。凭借外倾的乐观，他们终于进入了城堡。令他们意想不到的是，城堡内部得到了重建，只有几个房间，里面是一系列古老的手稿。巧的是，古老的手稿是内倾年轻人的主要兴趣。看到手稿，他像变了一个人一样。他沉浸在对于财宝的幻想中，热情地呼喊起来。他和看门人交谈，以获取尽可能多的信息。当他没有得到满意结果时，他请求去见馆长，以便向他提问。他的羞怯消失了，客体获得了诱人的光彩，世界展现出了新面貌。与此同时，外倾年轻人的精神越来越低落。他的脸越拉越长，开始打哈欠。这里没有友好的门卫，没有热情的款待，没有任何浪漫探险的迹象——只有被改造成博物馆的城堡。家里的手稿已经够多了。当一个人热情高涨时，另一个人却精神低落。城堡令他厌倦，手稿使他联想到图书馆，图书馆使他联想到大学，大学使他联想到学习和可怕的考试。之前有趣而迷人的城堡渐渐笼罩在忧郁的色彩中。客体变得消极起来。"发现这份优秀收藏品难道不是一件很神奇的事情吗？"内倾者喊道。"这里无聊得要死，"另一个人毫不掩饰他恶劣的情绪。这惹恼了内倾者，他在暗地里发誓，他再也不和外倾者一同出游了。外倾者也被内倾者的愤怒激怒了，他想，他早就知道对方是个不考虑别人的利己主义者，他会为了自己的利益浪费所有美好的春日，而外倾者完全可以在户外更好地享受这些时光。

这是怎么回事？两个人以快乐的共生关系一同漫步，直到发现致命的城堡。接着，事前思考者即普罗米修斯式内倾者说，他们可以到城堡里面看一看，事后思考者即厄庇墨透斯式外倾者打开了门①。此时，两种类型发生了反转：起初不想

---

① 参考我在《心理类型》中对于卡尔·斯皮特勒《普罗米修斯和厄庇墨透斯》的讨论（1923版，207页及后页）。

进来的内倾者现在已经不想出去了,而外倾者走进城堡以后一直在诅咒。前者现在被客体吸引,后者被他的消极想法笼罩。当内倾者发现手稿时,他一下子变了。他的羞怯消失了,客体占有了他,他心甘情愿地投降了。不过,外倾者感觉他越来越抗拒客体,最终成了自己坏脾气主观性的囚徒。内倾者变成了外倾者,外倾者变成了内倾者。不过,内倾者的外倾与外倾者的外倾不同,反之亦然。当二人快乐和谐地共同漫步时,他们不会发生冲突,因为每个人都处在自然性格中。每个人对于对方都是积极的,因为他们的态度是互补的。不过,他们之所以互补,是因为一个人的态度包容另一个人。我们可以从他们在门前的简短对话中看出这一点。两个人都想进入城堡。内倾者不知道能否进入城堡,这种怀疑也适用于外倾者。类似地,外倾者的主动性也适用于内倾者。所以,一个人的态度包容另一个人。如果一个人刚好处于他的自然态度中,他的态度总会在某种程度上包容对方,因为这种态度具有一定的集体适应性。内倾者的态度也是如此,尽管它总是始于主体,它会从主体前往客体，而外倾者的态度从客体前往主体。

不过，对于内倾者，当客体散发光芒，吸引主体时，他的态度失去了社交性质。他忘记了朋友的存在，不再包容他，沉浸在客体中，看不到他的朋友多么无聊。类似地，当外倾者失望时，他不再为朋友着想，缩进了主观性和闷闷不乐的情绪中。

所以，我们可以将事情表述如下：在内倾者身上，客体的影响制造了低级外倾，而在外倾者身上，低级内倾取代了他的社交态度。所以，我们回到了前面的命题："一个人的价值是对另一个人价值的否定。"

积极和消极事件可以构成低级反功能。此时，敏感性会出现。敏感性是低级的明确迹象。这为二人之间以及我们内心的分歧和误解提供了心理基础。低级功能[①]的本质是自主：它是独立的，它攻击我们、吸引我们，告诉我们，我

---

① 《心理类型》，定义30。

们不再是自己的主人，不再能够正确区分自己和他人。

不过，为了性格的发展，我们应该允许另一面即低级功能表达自己。我们无法长期允许一部分人格以共生方式被另一部分人格关照；因为我们随时可能发现自己需要另一种功能，此时我们毫无准备，就像上述例子表明的那样。结果可能很糟糕：外倾者会失去与客体不可缺少的关系，内倾者会失去与主体不可缺少的关系。反过来，内倾者同样需要实现某种行动，不能持续被怀疑和犹豫困扰，外倾者同样需要反思自己，而且不能威胁到他的人际关系。

外倾和内倾显然是两种自然对立的态度或趋势，歌德称之为舒张和收缩。它们应该以和谐的交替为生命提供节奏，但是实现这种节奏似乎需要很高的艺术水平。你要么必须在潜意识中做到这一点，以免自然规律被有意识行为打扰，要么必须具有非常高的意识水平，以便通过意愿执行对立运动。我们无法后退到动物潜意识中，因此我们只能选择更加努力的前进道路，获得更高的意识水平。当然，使我们通过自己的自由意志和目的做出肯定和否定的意识完全是超人理想。不过，它仍然是一个目标。也许，我们目前的心态只允许我们有意识地期待肯定，忍受否认。如果能做到这一点，我们已经有了很大收获。

矛盾问题作为人性的内在原则，构成了醒觉过程的高级阶段。通常，它是一个成熟问题。对于患者的实际治疗很少始于这个问题，尤其是对于年轻人而言。年轻人的神经症一般来自现实和幼稚不当态度力量之间的冲突。从因果角度看，其特征是对于真实或虚幻父母的异常依赖。从目的论角度看，其特征是无法实现的幻想、计划和抱负。在这里，弗洛伊德和阿德勒的还原方法是非常恰当的。不过，许多神经症要么只发生在人生成熟期，要么出现了严重恶化，使患者无法工作。你自然可以指出，对于这些病例，患者小时候对父母已经有了不同寻常的依赖；不过，这并没有阻止他们从事工作，取得成功，维持某种婚姻，直到他们之前的态度在某个更加成熟的年龄突然失效。在这种情况下，让他们意识到童年幻想和对父母的依赖等事情几乎无法带来帮助，尽管这是一个必要步骤，通常会带来有利结果。只有当患者认识到站在他身边的已经不再是父母，而是他自己时——也就是扮演父母角色的潜意识人格成分——真正的治疗才会开始。虽然这种意识是有益的，但它仍然是消极的；它只是告诉患者，"我意识到，反对我的不是父亲和母亲，而是我自己"。不过，他体内反对他的那一位是谁呢？隐藏在父母意象背后，使他多年来认为问题的原因一定来自外部的这个神秘人格成分是什么呢？这个成分是他意识态度的对应物，在它得到接纳之前，它不会给他留下片刻安宁，会持续困扰他。对于年轻人，摆脱过去可能已经够了：诱人的未来就在眼前，充满了各种可能性。他只需要切断少数联系，生命冲动会完成余下的工作。不过，一些患者已将很大一部分生命留在身后。对他们来说，未来不再具有神奇的可能性。除了不断重复的熟悉职责和可疑的老年快乐以外，他们没有其他期待。对于这种患者，我们面对着不同的任务。

如果我们能够使年轻人成功摆脱过去，我们就会看到，他们总会将父母意象转移到更合适的替代者身上。例如，附着在母亲身上的感觉转到了妻子身上，父亲的权威转到了威严的老师、上级或者机构身上。虽然这不是根本解决方案，但它很实用。正常人会无意中踏上这条路，因此不会有明显的拘束和抵制。

成年人的问题就完全不同了。他已经艰难或轻松地走过了部分道路。他已经摆脱了父母，后者也许早已死去。他已在妻子身上寻找并发现了母亲，或者在丈夫身上寻找并发现了父亲。他对父亲和机构已经给予了足够的尊重，他本人也成了父亲。通过所有这些经历，他可能已经意识到，之前的进步和满足现在已经变成了无聊的错误，成了青春幻想的一部分。他带着遗憾和嫉妒回顾这些幻想，因为等待他的只剩下了老年和幻想的终结。他不再有父亲和母亲，他投射到世界和外物上的所有幻想已经疲惫不堪，逐渐回到了他身上。从这些关系中回流的能量进入潜意识，激活了他之前忽视的一切。

对于年轻人，当束缚在神经症中的本能力量得到释放时，它们会带来愉快、希望以及扩展生命范围的机会。对于处在人生后半阶段的人，在潜意识中休眠的矛盾功能的发展意味着更新；这种发展不再通过婴儿期纽带的消解、婴儿期幻想的毁灭以及旧有意象对于新人物的转移进行，而是通过矛盾问题进行。

当然，即使在青春期，矛盾原则也是基本原则，关于青春期心理的心理学理论一定会认识到这一事实。所以，只有当弗氏和阿氏观点宣称自己是普遍适用的理论时，它们才会相互矛盾。不过，只要它们满足于辅助技术概念的角色，它们就不会相互矛盾和排斥。如果某种心理学理论不仅仅是临时技巧，它就必须基于矛盾原则，因为没有矛盾原则，它只能重建神经失衡的心理。没有矛盾，就没有平衡和自我调节系统。心理就是这种自我调节系统。

2

如果我们现在重拾前面的话题,我们就会清晰看到,为什么个体缺少的价值可以在神经症那里找到。现在,我们也可以回到年轻女人的病例上,对我们已经获得的思想加以利用。假设这位患者得到了"分析"。也就是说,通过治疗,她理解了隐藏在症状背后的潜意识思想的性质,因此重新获得了为这些症状提供力量的潜意识能量。此时的问题是:如何处理所谓的可支配能量?根据患者的心理类型,她可以将这种能量转移到客体——比如慈善工作或者某种有益活动。对于精力特别旺盛、永远不知疲倦的人,或者喜欢从事这些辛苦工作的人,这种方法是可行的,但它大多数时候行不通。这是因为,不要忘了,被称为力比多的心理能量已经在无意中占有了客体,这个客体是年轻的意大利人,或者另一个同样真实的人。在这种情况下,升华虽然理想,但却无法实现,因为和大多数令人钦佩的道德活动相比,真实客体通常可以为能量提供更好的坡度。遗憾的是,许多人只会谈论一个人应该具有的理想状态,从不谈论他的真实状态。不过,医生总是需要处理真实的人。在他认识到他的所有真实性之前，他会固执地维持之前的状态。真正的教育只能始于真正的现实，而不是虚幻的理想。

遗憾的是，没有人能随意使用所谓的可支配能量。它会沿着自己的坡度前进。实际上，在我们将能量从束缚它的不利形式中释放出来之前，它已经找到了这个坡度。这是因为，我们发现，患者之前对于意大利年轻人的幻想现在转移到了医生身上①。医生本人成了潜意识力比多的客体。如果患者完全拒绝承认移情的事实②，或者医生没能理解移情，或者对其做出错误的解释，有力的抵抗就会随之而来，使患者完全无法与医生建立关系。接着，患者会走开，去找另一个医生或者

---

① 弗洛伊德引入移情概念是为了表示潜意识内容的投影。

② 和某些观点不同，我认为"对医生的移情"不是成功治疗不可缺少的常见现象。移情是一种投射，而投射要么存在，要么不存在。不过，它不是必要的。它无法在任何意义上被"制造"出来，因为根据定义，它来自潜意识动机。医生可能是投影的合适客体，也可能不是。你绝对不能认为，医生总是对应于患者力比多的自然坡度，因为力比多完全可能为投影设想出更重要的客体。如果力比多没有投射到医生身上，这可能对治疗非常有利，因为真正的个人价值可以更清晰地走到前台。

理解他的人；或者，如果他放弃寻找，他会深陷在问题之中。

不过，如果对于医生的移情得到接受，患者就会找到自然的形式，取代之前的形式，同时为能量提供相对远离冲突的出口。所以，如果你允许力比多沿自然轨道运行，它就会自动找到通往指定客体的道路。否则，你就是在故意违抗自然规律或者某种令人不安的影响。

在移情中，所有婴儿期幻想都会得到投射。它们必须得到腐蚀，即被还原分析消解，这通常被称为"消解移情"。由此，能量再次从不利形式中释放出来，我们再次面对其可支配性问题。我们将再次信任自然，希望自然能在寻找之前选定提供有利坡度的客体。

V 个体和集体(或超个体)潜意识

此时,醒觉过程的新阶段开始了。我们对婴儿期移情幻想进行了分析。就连患者也清晰认识到,他把医生当成了父亲、母亲、叔叔、监护人、老师以及其他各种家长权威。不过,经验反复表明,患者还会出现另一些幻想,将医生看作救世主或神仙般的人物——自然,这与健康的意识理智是完全矛盾的。而且,这些神仙属性远远超越了陪伴我们成长的基督教框架;它们具有异教色彩,而且常常以动物形象出现。

移情本身无非是潜意识内容的投射而已。起初,潜意识所谓的表层内容得到投射,就像症状、梦境和幻想体现的那样。在这种状态下,医生可能会被看作情人（在我们讨论的病例中，他取代了意大利年轻人）。接着，他更多地表现为父亲角色。根据患者真实父亲的特征，他可能表现为善良慈爱的父亲，也可能表现为"吼叫者"。有时，医生拥有母性意义，这似乎有些奇怪，但它仍然是一种可能。所有这些幻想投影以个人记忆为基础。

最后，出现了拥有奇幻性质的幻想形式。此时，医生被赋予了神秘力量，变成了魔法师或恶魔，或者救世主，即善良的化身。他也可能同时具有这两种特征。当然，你应该知道，他在患者的意识头脑中不一定具有这些形象；只有浮出水面的幻想对他进行了这样的描绘。这种患者常常无法认识到，他们的幻想其实来自他们自身，与医生的性格几乎没有关系。这种错觉的依据是，个人记忆中并没有这种投影。我有时可以指出，在某个童年阶段，类似幻想出现在父亲或母亲身上，尽管它们并非父亲和母亲的真实特征。

V 个体和集体（或超个体）潜意识

弗洛伊德在一篇短文中指出[1]，列奥纳多·达·芬奇有两个母亲，这对他后来的人生产生了影响。对于列奥纳多，两个母亲或双重出身是真实的，但这种情况也对其他艺术家的生活产生了影响。例如，本韦努托·切利尼（Benvenuto Cellini）幻想自己拥有这种双重出身。总体而言，它是一种神话主题。传说中的许多英雄有两个母亲。这种幻想并非来自这些英雄拥有两个母亲的事实；它是普遍的"原始"意象，不属于个人记忆，而是整个人类精神历史的秘密。

雅各布·布克哈特（Jacob Burckhardt）说的好，每个个体除了个人记忆，还有伟大的"原始"意象，即遗传自远古时代的人类想象可能性。这种遗传可以解释某些神话传说主题以相同形式在世界各地反复出现这一惊人现象。它还可以解释，为什么心理患者提到的意象和联想同我们在古书中看到的内容完全相同。我在《转变的符号》一书中给出了一些例子[2]。我并不是说这些思想存

---

[1] 《列奥纳多·达·芬奇及其童年回忆》（原版1910）。
[2] 另见《集体潜意识概念》。

在遗传。我只是说，这些思想的可能性存在遗传。二者是完全不同的。

所以，在这个进一步治疗阶段，当患者的幻想不再基于个人记忆时，我们需要处理潜意识更深层次的表现，这个层次隐藏着人类共同的原始意象。我将这些意象或主题称为"原型"，或者潜意识的"显性因子"。要想进一步了解这一思想，读者必须参考相关文献[1]。

这一发现意味着我们的理解再次前进了一步：也就是说，我们认识到了潜意识的两个层次。我们需要区分个体潜意识和非个体潜意识，或者说超个体潜意识。我们也称后者为集体潜意识[2]，因为它摆脱了一切个人色彩，是所有人共有的，其内容出现在世界各地，而这自然不适用于个体内容。个体潜意识包括失去的记忆、受到抑制的痛苦思想（即故意遗忘的思想）、阈下感知以及还不够成熟、没有进入意识的内容。其中，

---

[1] 《转变的符号》；《心理类型》，定义 26；《原型与集体潜意识》；《金花的秘密》评论。

[2] 集体潜意识代表客观心理，个体潜意识代表主观心理。

第三点即阈下感知是指不够强烈、无法进入意识的感官知觉，第四点对应于经常在梦中出现的阴影形象[1]。

原始意象是人类最古老、最普遍的"思想形式"。它们既是思想，也是感觉。实际上，它们以部分灵魂的形式独自存在[2]，将潜意识感知作为知识来源的哲学系统或诺斯替系统清晰体现了这一点。天使、天使长、圣保罗的"执政者和掌权者"、诺斯替派的七执政以及狄尼修法官（Dionysius the Areopagite）的天堂等级制度思想全都来自对于原型相对自主的感知。

我们现在找到了力比多摆脱个人幼稚移情形式时选择的客体。力比多沿着自己的坡度进入潜意识深处，激活一直在那里休眠的事物。它发现了人类不时利用的宝藏，从中召唤出了神仙和魔鬼，以及人之为人所需要的各种强大思想。

---

[1] 我所说的阴影是指人格的"消极"一面，我们希望隐藏的所有讨厌特征的总和，以及没有得到充分发展的个体潜意识功能和内容。T. 沃尔夫（Wolff）《情结心理学基础介绍》107页及后页对此作了全面介绍。

[2] 参考《情结理论回顾》。

让我们以能量守恒思想为例，它是19世纪诞生的伟大思想之一。这种思想的真正创造者罗伯特·迈尔（Robert Mayer），他是医生，不是物理学家和自然哲学家，后者更适合充当这种思想的创造者。重要的是，严格地说，这种思想不是迈尔"创造"的。它也不是当时已有思想或科学假设融合而成的，而是像植物一样从创造者头脑中生长出来的。1844年，迈尔在寄给格里辛格（Griesinger）的信中写道：

> 这种理论并不是我在书桌上想出来的。（接着，他提到了他在1840年和1841年作为船医做出的一些生理学观察。）如果你想弄清生理学问题，你需要对于物理过程有所了解，除非你更喜欢从形而上学角度进行研究。我非常厌恶形而上学。所以，我坚持研究物理学，对其爱不释手。许多人可能会嘲笑我，但我对于我们所在的那个偏远角落几乎不感兴趣，更愿意留在船上，进行不间断的研究。在那里，在很长时间里，我就像是受到了圣灵的引导，我之前和之后都没有过类似的经历。在前往泗水的道路上，我的脑中闪

过一些思想。我立刻对这些思想进行努力探索，发现了新的课题。那段时间已经过去，但我对于当时产生的思想进行了冷静考察，发现它是事实，不仅可以得到主观感受，而且可以得到客观证明。作为物理学新人，我能否做出这样一个发现？这有待观察。[1]

在介绍能量学的书中，黑尔姆（Helm）指出："罗伯特·迈尔的新思想不是通过深入反思从传统概念中逐渐发展出来的，而是属于那种可以从直觉上理解的思想，这种思想来自其他具有精神属性的领域，它会占据头脑，迫使头脑根据自己的形象重塑传统概念。"

现在的问题是，这种带着强大力量闯入意识的新思想从何而来？这种思想使意识如此着迷，完全忽视了首次热带旅行的各种景观，它的力量从何而来？这些问题并不容易回答。根据我们的理论，你只能这样解释：能量和能量守恒思想一定是潜藏在集体潜意识中的原始意象。为了得出

---

[1] 迈尔，《短文与书信》，213页（致威廉·格里辛格书，1844年6月16日）。

这一结论，我们自然需要证明，这种原始意象的确存在于人类思想史中，经历了岁月的洗礼。实际上，这种证明并不困难，因为世界上分布最广、最原始的宗教以这种意象为基础。这些宗教被称为物力论宗教，其唯一决定性思想是，万物围绕某个普遍存在的神奇力量[①]旋转。英国著名研究者泰勒（Tylor）和弗雷泽（Frazer）错误地将这种思想当成了泛灵论。实际上，原始人的力量概念指的根本不是灵魂和精灵。美国研究者拉夫乔伊（Lovejoy）将其恰当地称为"原始能量学"[②]。这一概念等同于灵魂、精神、上帝、健康、身体力量、繁殖力、魔法、影响、力量、威望、巫术思想，以及以情感释放为特征的某些感觉状态。在一些波利尼西亚人中，同样的原始力量概念"穆隆古"（mulungu）表示精神、灵魂、魔鬼信仰、魔法、威望；当令人震惊的事情发生时，人们会大喊"穆隆古！"这种力量概念也是原始上

[①] 通常被称为马那。参考瑟德尔布罗姆（Söderblom），《上帝信仰的形成》（由瑞典版《宗教的兴起》翻译）。

[②] 拉夫乔伊，《原始哲学的基本概念》，361页。

帝概念最早的形式，是一种在历史上经历了无数变异的意象。在《旧约》中，神奇力量在燃烧的灌木丛中和摩西脸上发光；在《福音书》中，它带着圣灵以火舌的形象从天堂下凡。在赫拉克利特（Heraclitus）那里，它表现为世界能量和"永生之火"；在波斯人那里，它是神圣恩典豪麻（haoma）的炽热光芒；在斯多葛派学者那里，它是原始热量，是命运力量。在中世纪传说中，它表现为光环或光轮，从圣人躺卧的极乐小屋顶部像火焰一样燃烧起来。圣人看着这个太阳般的力量，看着它发出的大量光线。根据古老观点，这个力量是灵魂本身；灵魂永生思想中隐含了灵魂守恒，佛教和原始轮回观念中隐含了灵魂的无限可变性和持续存在性。

这一思想已在人类头脑中存在了很久。所以，它存在于每个人的潜意识中，唾手可得。不过，它的出现需要某些条件。罗伯特·迈尔显然满足了这些条件。人类最伟大、最优秀的思想来自这些原始意象，就像来自蓝图一样。经常有人问我，原型和原始意象是从哪儿来的？在解释它们的起源时，我似乎只能将它们看作人类经历持续重复形成的沉淀。最常见、最令人震撼的经历之一就是太阳每天显而易见的运动。就已知物理过程而言，我们当然无法在潜意识中发现这种运动。不过，我们发现了拥有无数变体的太阳英雄神话。构成太阳原型的是这个神话，而不是物理过程。月相也是如此。原型是一种反复呈现相同或相似神话思想的状态。所以，为潜意识留下印象的似乎只有物理过程引发的主观幻想。因此，我们可以认为，原型是主观反应反复制造的印象[①]。自然，这种假设只是在将问题进一步向后推，并没有解决问题。我们完全可以认为，某些原型甚至存在于动物身上，基于生命有机体本身的特征，因此是生命的直接表达，其性质无法得到进一步解释。原型不仅是典型经历不断重复的印象，同时也表现得像是趋向于重复相同经历的动因一样。这是因为，当原型出现在梦境、幻想或生活中时，它总是带着某种影响或力量，以此

---

① 参考《心理结构》，152 页及后页。

发挥超自然或迷人的影响，或者促使人开展行动。

在这个例子中，我已经指出了新思想是如何从原始意象的宝库中诞生的。现在，我们要进一步讨论移情过程。我们看到，力比多为新客体抓住了这些看似荒谬奇特的幻想，即集体潜意识内容。我说过，在这个阶段，原始意象对医生的投射是不能低估的危险。这些意象不仅包含人类想到和感受到的所有美好和善良，而且包含人类能够做到的最糟糕的诽谤和恶行。由于它们的特定能量——因为它们表现得就像电力十足的自主能量中心一样——它们对意识头脑产生了极具诱惑的影响，因此可以为主体带来巨大改变。你可以在宗教皈依、暗示影响病例尤其是某些精神分裂症的开始看到这一点[①]。如果患者无法将医生的人格与这些投影区分开来，一切理解的希望最终都会破灭，二者将无法建立人际关系。不过，如果患者回避这个卡律布狄斯（Charybdis），他就会

[①] 《转变的符号》对于这样一个病例进行了详细分析。另见内尔肯（Nelken），《精神分裂症幻想的分析观察》（1912），504页。

由于内向投射这些意象而在斯库拉（Scylla）那里失事[①]——换句话说，他不仅将它们的特征投射到医生身上，而且投射到他自己身上。这同样是灾难性的。通过投射，他在对医生的病理性夸张神化和带着仇恨的轻蔑之间摇摆。通过内向投射，他陷入可笑的自我神化中，或者陷入自我道德伤害中。在这两种情形中，他的错误在于，他将集体潜意识内容归给了个人。这样一来，他把自己或同伴变成了神仙或魔鬼。在这里，我们看到了原型的典型影响：它用某种原始力量掌控心理，迫使心理超越人性边界。它会导致夸张、膨胀态度（自负）、自由意志丧失、幻觉以及对于善良和邪恶的热情。所以，人类总是需要魔鬼和神仙，除了少数特别聪明的西方人，他们生活在昨天或

---

① 卡律布狄斯和斯库拉是两只海妖，守护着墨西拿海峡的两侧。墨西拿海峡非常狭窄，两只海怪几乎封锁住了整个海峡。要想逃脱斯库拉的六张血盆大口，你就会因为离卡律布狄斯太近而被卷入漩涡。要想避开卡律布狄斯制造的巨大漩涡，你就会因为距离斯库拉太近而被吃掉。奥德赛在牺牲六名船员和整艘船葬身海底之间选择了前者，结果六个同伴被斯库拉吃掉，其他人侥幸逃脱。——译者注

前天。他们是超人。对他们来说,"上帝已死",因为他们自己变成了神仙——头脑迟钝、内心冷酷、自以为是的神仙。上帝思想是绝对必要的非理性心理功能,它与上帝是否存在没有任何关系。人类永远无法凭借智力回答这个问题,更不能证明上帝存在。而且,这种证明是多余的,因为全能神仙的思想存在于世界各地,即使不在意识里,也在潜意识里,因为它是原型。心理中存在某种高级力量。如果它不被意识看作神仙,它至少是圣保罗所说的"肚腹"①。所以,在我看来,明智的做法是有意识地承认上帝思想,否则其他事情就会被当作上帝,而这个事情通常是只有"开明"知识分子才能想出来的愚蠢而不恰当的事物。知识分子早已知道,我们无法形成恰当的上帝思想,更不能描绘他的存在形式。上帝的存在是完全无法回答的问题。人类千百年来一直在谈论神仙,未来也将继续谈论神仙。不管人类理智多么美妙

---

① 《腓立比书》3章19节:"他们的神就是自己的肚腹。"这是一种讽刺,因为这种人活着就是为了追求肚腹之欲,事奉肚腹。——译者注

完美，他总是可以确定，理智只是一种可能的心智功能，只能覆盖现象世界中与它对应的一面。不过，与理智不符的非理性存在于现象世界的所有方面。非理性也是心理功能——简而言之，它是集体潜意识，而理性其实是与意识头脑捆绑在一起的。意识头脑必须拥有理智，这首先是为了在世界上发生的各种杂乱无章的事件中发现某种秩序，其次是为了创造秩序，至少是在人类事务中。我们被有用而值得称赞的抱负打动，想要彻底清除非理性的混沌，不管这在不在我们的能力范围之内。显然，这一过程已经进行了很久。一位心理患者曾对我说："大夫，昨天晚上，我用二氯化汞为整个天堂做了消毒，但是我没有找到上帝。"类似的事情也已经发生在我们身上。

老赫拉克利特的确是非常伟大的圣贤，他发现了最神奇的心理规律：矛盾的调节功能。他称之为物极必反，即反向运转，它表示万物迟早会来到自己的对立面。（在这里，我想让你回想前面美国商人的例子，他就是物极必反的绝佳案例。）所以，文化的理性态度必然会抵达自己的对立面，即文化的非理性毁灭①。我们永远不应该认同理智，因为人类现在和未来永远不是单纯的理智生物。所有迂腐的文化贩子都应该注意到这一事实。非理性不应该也不可能得到彻底清除。神仙不应该也不可能死去。我刚刚说过，人类心理中似乎存在某种高级力量，如果它不是上帝思想，它就是"肚腹"。我想指出一个事实：某种基本本能或思想情结总会聚集最多的心理能量，并因此强迫自我为它服务。通常，它会非常有力地将自我拉进这个能量焦点，使自我认同这个焦点，认为它很理想，自己不需要更多了。这导致了某种狂热，某种偏执狂或着魔，某种严重片面性，它严重威胁到了心理平衡。这种片面能力显然是成功的秘密——至少是部分秘密。所以，我们的文明努力培养这种能力。这种将能量堆积在这些偏执中的热情就是古人所说的"神"，我们在今天的

---

① 这句话是在第一次世界大战期间写成的。我保留了它最初的形式，因为它所包含的真理在历史上不止一次得到证明。（写于1925年。）当前事态表明，这种证明不需要等待很久。谁希望这种盲目的毁灭呢？不过，我们都在全力帮助魔鬼。哦，神圣的单纯！（写于1942年。）

日常用语中也是这样说的。例如，我们说："他把某件事情奉若神明。"人们认为自己拥有意志和选择权，却没有注意到，他已经着了魔，他的兴趣已经成了主宰，攫取了所有权力。这种兴趣其实是某种神仙。当它得到许多人承认时，它逐渐形成了"教会"，将一群信徒聚在周围。我们称之为"组织"。随之而来的是瓦解性反应，其目的是用别西卜（Beelzebub）①驱逐魔鬼。当某种运动获得无可争议的力量时，它总是面临着物极必反的威胁，但这并不能解决问题，因为它的组织和瓦解具有同样的盲目性。

要想将自己与潜意识分开，你应该将不属于自己的成分清晰地摆在眼前，而不是抑制它，否则它就会从背后袭击你。只有当你知道这一点时，你才能摆脱物极必反的可怕规律。

这为上述斯库拉和卡律布狄斯问题的解决做好了准备。患者必须学着区分自我和非自我，后

---

① 别西卜也是一种魔鬼。当耶稣为人治病时，有人怀疑他是靠着别西卜的力量驱赶魔鬼。耶稣说，用别西卜赶鬼相当于用撒旦驱赶撒旦，即自家人不可能驱赶自家人。——译者注

V 个体和集体（或超个体）潜意识

者是集体心理。通过这种方式，他可以找到自己未来需要适应的材料。他之前以不利的病理形式存储起来的能量可以进入合适领域。在区分自我和非自我时，你应该牢牢扎根于自我功能。也就是说，你必须履行你的人生职责，以便在各个方面成为合格的集体成员。你在这方面忽略的一切都会落入潜意识。它会加固阵地，使你陷入被它吞噬的危险。这种惩罚是沉重的。正如前人席尼西斯（Synesius）所说，"受到启示的灵魂"变成了神仙和魔鬼，因此像扎格柔斯（Zagreus）那样受到了被撕裂的神圣惩罚[①]。这就是尼采患病之初的经历。物极必反意味着被撕裂为矛盾双方，后者是"神仙"的属性，因此也是神人的属性，而神人之所以是神人，是因为他战胜了自己的神仙。当我们谈论集体潜意识时，我们进入的领域和关注的问题与年轻人和长期维持幼稚者的实际分析没有任何关系。只要父母意象仍然需要克服，只

---

① 扎格柔斯是宙斯和珀耳塞福涅的儿子。天后赫拉嫉妒珀耳塞福涅，唆使泰坦袭击扎格柔斯，他们切碎了扎格柔斯的四肢。——译者注

要生活的某个部分仍然有待征服——这是普通人的自然情况——我们最好不要提及集体潜意识和矛盾问题。不过，当父母移情和青年幻觉得到解决或者达到解决的时机时，我们必须谈论这些事情。此时，我们已经超越了弗氏和阿氏还原的范围；我们不再关注如何消除一个人的职业和婚姻障碍，拓宽他的人生道路，而是需要寻找意义，使他能够继续生活——这个意义不仅仅是盲目的顺从和悲伤的回首。

我们的人生轨迹和太阳类似。上午，它的力量不断增加，直到正午抵达顶点。接着，物极必反开始了：持续前进不再意味着力量的增加，而是减少。所以，对于年轻人的处理和对于老年人的处理是不同的。对于前者，我们只需要清除所有阻碍扩张和上升的障碍；对于后者，我们必须培养一切辅助下降的事物。缺乏经验的年轻人认为我们可以放任老人不管，因为他们不会发生太多事情：他们已经把人生留在身后，几乎相当于过往石化的柱子。不过，你不能认为生命的意义只体现在年轻和扩张时期，过了更年期的女人已经"完了"。下午的人生和上午一样充满意义,但它的意义和目的是不同的[①]。人有两个目标:第一个是自然目标,即生儿育女,保护后代。当这个目标得到实现时,新的阶段开始了:你需要追求文化目标。对于前者,我们有自然的帮助,还有教育的帮助。对于后者,我们几乎没有帮手。实际上,错误的抱负常常会胜出,即老人希望恢复青春,至少感觉他必须表现得像年轻人一样,尽管这骗不了他的心。所以,许多人从自然阶段到文化阶段的转变非常艰难痛苦。他们坚持青春幻想,或者将孩子紧握不放,希望以此留住最后一丝青春痕迹。这种现象在母亲身上表现得特别明显。母亲将孩子视为唯一意义。在她们看来,当她们不得不放手时,她们会沉入无底深渊。难怪许多严重神经症出现在人生下午初期。它是第二次青春期,是另一个"暴风骤雨"阶段,是"危险年龄",常常伴随着热情的骚动。不过,出现在这个年龄的问题无法通过老方法解决:时钟的指

---

① 参考《人生的阶段》。

针无法倒转。年轻人必须从外部发现意义，处于人生下午阶段的人必须从内心发现意义。在这里，我们面对着新问题，它常常使医生非常头疼。

从上午到下午的转变意味着重新评估之前的价值。我们迫切需要理解之前理想对立面的价值，感受到之前信念的错误，认识到之前真理的问题，感觉到之前被当作爱的事物里隐藏了多少对抗甚至仇恨。许多陷入矛盾冲突的人放弃了他们之前认为优秀和值得追求的一切；他们试图完全生活在之前自我的对立面。改行、离婚、宗教动摇和各种背叛就是这种转向对立面的症状。这种朝向对立面的激进转变有一个问题：之前的生活会被抑制，导致和之前一样的失衡状态。之前，意识美德和价值的对应物仍然处于受压抑的潜意识状态。之前，神经症障碍之所以出现，是因为对立的幻想在潜意识中。类似地，现在，对于之前偶像的抑制导致了其他障碍。你当然不应该认为，当我们看到价值中的无价值事物或真理中的错误时，价值和真理会不复存在。实际上，它只会获得相对性。人的一切都是相对的，因为一切取决于内心极性；一切都是能量现象。能量必然取决于事先存在的极性。没有极性，就没有能量。平衡过程——也就是能量——要想发生，必须要有高和低，热和冷，等等。所以，否定一切之前价值以支持其对立面的趋势和之前的片面性一样夸张。就拒绝人们普遍接受的明确价值而言，其结果是致命的损失。正如尼采所说，做出这种表现的人会清空自己的价值。

重点不是转到对立面，而是保持之前的价值，同时承认它们的对立面。这自然意味着冲突和自我分裂。可以想见，你应该在哲学和道德角度回避这一点；所以，替代选项是之前态度的痉挛性硬化，它比转到对立面更加常见。我必须承认，对于老人，这一现象非常有利，不管它多么令人不快；至少，他们不会变成叛徒，可以挺直腰板，不会变得昏庸，不会陷入泥潭；他们不是违约者，只是枯木而已，更礼貌的说法是过去的柱子。不过，作为过去的赞美者，他们同时具有的症状、僵化、狭隘和冷淡令人不快甚至有害，因为他们支持真理或其他价值的方式极为僵化暴力，其不良举止的排斥力超过了真理的吸引力，结果适得其反。这种僵化的根本原因在于对矛盾问题的恐惧：他们暗自预感到了对于"梅达尔杜斯邪恶兄弟"的恐惧。所以，只能有一个真理和一个行动指导原则，它必须是绝对的；否则，它就无法抵御即将到来的灾难，而除了他们内心，他们到处都可以感受到这种灾难。实际上，最危险的革命者在我们心里，所有人希望安全进入人生后半阶段的人都必须意识到这一点。当然，这意味着用我们之前享有的表面上的安全交换不安全、内心分裂和矛盾信念状态。最糟糕的问题是，你似乎无法摆脱这种状态。根据逻辑，你找不到中间道路。

所以，治疗的实际需要迫使我们想办法摆脱这种令人难以忍受的局面。每当你面对看似无法克服的障碍时，你都会后退。用专业术语来说，你的表现叫做退行。你会回到处于类似局面的时候，试图使用当时帮助你脱困的手段。不过，对年轻人有帮助的事情对老年人是没有用的。那个美国商人返回之前的工作岗位有什么用呢？什么

V 个体和集体（或超个体）潜意识

用也没有。所以，你会一直退到童年（所以许多老年神经症患者很幼稚），最终停在童年之前的时候。这听上去可能很奇怪，但它不仅符合逻辑，而且是完全有可能的。

我们之前提到，潜意识包含两个层次：个体层次和集体层次。个体层次止于最早的婴儿期记忆，但集体层次包括婴儿期之前的阶段，即古代生活的遗迹。个体潜意识的记忆意象会变得丰满，因为它们是个体亲身经历的意象，而集体潜意识的原型并不丰满，因为它们不是个体亲身经历的形象。另一方面，当心理能量通过倒退超越最早的婴儿期，闯入古代生活遗产时，神话意象会被唤醒：这就是原型[①]。我们从未怀疑内心精神世界

[①] 读者会注意到，这里的原型思想混入了之前没有提到的新元素。这种混合不是潜意识的蒙昧主义，而是通过业力因素对于原型的有意拓展。业力在印度哲学中非常重要。业对于深入理解原型性质非常重要。在这里，我不想详细描述这一因素，但我至少希望提到它的存在。评论者对于我的原型思想提出了严厉批评。我承认，这是一种存在争议的思想，而且非常复杂。不过，我一直在想，我的批评者会用怎样的思想来描述我所描述的经验材料呢？

的存在，它敞开大门，展示了与我们之前的思想似乎完全对立的内容。这些意象非常强烈，你完全可以理解，为什么数百万有教养的人会被神智学和人智学吸引。这是因为，同包括天主教在内的现存所有基督教形式相比，这些现代诺斯替系统可以更好地表达和表述我们内心发生的无言现象。和新教相比，天主教当然可以通过教义和仪式象征主义更加全面地表达这些事实。不过，天主教过去和现在都没有实现古代异教象征主义的那种丰富性。所以，这种象征主义在基督教时代长期持续存在，然后逐渐转入地下，形成从中世纪到现代从未失去活力的潜流。之前，它们似乎在很大程度上消失了；不过，它们现在改变形式，再次出现，以弥补我们具有现代导向的意识头脑的片面性[1]。我们的意识已被基督教浸透和彻底改造，潜意识对立面在那里找不到立足之地，因为它似乎与我们的主流思想完全相反。一种思想越片面，越僵化，越绝对，另一种思想就会变

---

[1] 参考《作为精神现象的帕拉采尔苏斯》和《心理学与炼金术》。

得越激进，越具敌意，越不相容。所以，乍一看，二者似乎很难调和。不过，只要意识头脑至少承认一切人类观点的相对有效性，它的对立面就会失去某种不可调和的性质。同时，冲突会到处寻找合适的表达，比如在佛教、印度教和道教等东方宗教中表达自己。神智学的概念融合为满足这一需求走了很远的路，这就是它如此成功的原因。

分析治疗涉及的工作导致了具有原型性质的经历，这些经历需要得到表达和塑造。显然，分析治疗不是导致这种经历的唯一场合；它们常常自发出现，而且绝不仅仅出现在"具有心理头脑"的人身上。我曾听到一些人讲述最奇特的梦境和幻象，但是就连专业心理学家也无法怀疑他们的心理健全性。原型经历常常被人当作最私密的个人秘密，因为他们感觉它击中了自己的核心。它就像是非自我和内心对手的原始经历，这个对手向他们发出了理解挑战。此时，我们自然会寻找可以为我们提供帮助的类似现象。我们常常发现，人们会用衍生思想来解释最初的现象。这方面的典型案例是弗吕的尼古拉斯兄弟（Nicholas）看到的三位一体异象[1]，以及圣伊纳爵（St. Ignatius）看到的多目蛇异象。伊纳爵先是将其解释成圣灵，然后将其解释成魔鬼的拜访。通过这些拐弯抹角的解释，真实的经历被来自外部的意象和语言取代，被不是在我们的土壤中生长的、和我们的内心没有关系、只和我们的头脑有关的观点、思想和形式取代。实际上，就连我们的思想也无法把握它们，因为它们并不是由它发明的。这是"偷来的东西不会带来富裕"的一个例子。这些替代使人变得朦胧而不真实；他们用空虚的语言取代鲜活的现实，摆脱了痛苦的矛盾对立，进入黯淡虚幻的二维世界。在那里，一切具有生命力和创造力的事物都会枯萎死亡。

通过退到婴儿期之前阶段召唤出的无言事件不需要替代；它们需要得到每个个体生活和工作的塑造。它们是源于祖先生活和悲喜的意象；它们希望回归生活，不只是回到经验中，也要回到

---

[1] 参考《克劳斯兄弟》。

行动中。由于它们与意识头脑的对立，它们无法直接转换到我们的世界中；所以，我们必须想办法协调意识和潜意识现实。

VI 综合或构造方法

与潜意识达成一致的过程是一项需要付出行动和忍受痛苦的辛劳工作。它被称为"超越功能"[①]，因为它代表了基于真实和"虚幻"数据、理性和非理性数据的功能，弥合了意识和潜意识之间的巨大鸿沟。它是一种自然过程，是源于矛盾对立的能量的表现形式，包括自发出现在梦境和幻象中的一系列幻想[②]。同样的过程也出现在某些精神分裂症的初始阶段。你可以在钱拉·德·奈瓦尔（Gérard de Nerval）的自传片段《奥蕾莉娅》等经典文献中找到对于这一过程的描

[①] 我后来才发现，超越功能思想也出现在高等数学中，它是实数和虚数函数的名称。另见我的《超越功能》。

[②] 《心理学与炼金术》对这样一个梦境序列进行了分析。

述。不过,最重要的文学例证是《浮士德》第二部分。矛盾统一的自然过程为我的方法充当了模型和基础,这种方法的本质是:我故意召唤出在自然命令下潜意识自发产生的一切,将其融入意识头脑及其视野。许多患者之所以失败,就是因为他们缺少掌握内心事件的心理和精神工具。在这里,医疗帮助必须以特殊治疗方法的形式干预进来。

我们看到,本书开头讨论的理论依赖于单纯的因果还原程序,它将梦境(或幻想)解析成记忆成分和基本本能过程。我已经提到了这种程序的合理性和局限性。当梦境符号无法继续还原为个人回忆或渴望时,当集体潜意识意象开始出现时,这种程序就会失效。将这些集体思想还原为任何个人元素都是毫无意义的——根据我的痛苦经验,这种做法不仅没有意义,而且有害。在经历许多困难以后,在多次失败导致的长期犹豫和醒悟之后,我决定放弃这种医疗心理学的纯个人主义态度。我首先从根本上认识到,在单纯的还原分析之后,你必须进行综合,只对某些心理材料进行分解是毫无意义的。如果你不是进行分解，而是用你所掌握的所有意识途径——即所谓的放大方法——强化和拓展其意义，这些材料就会展示出许多意义。只有在综合处理模式中，集体潜意识的意象和符号才能产生独特价值。分析程序将象征性的幻想材料分解成基本成分，综合程序将其整合成可以理解的一般陈述。这种程序并不简单。所以，我要举一个例子，以解释整个过程。

当一位患者抵达个体潜意识分析和集体潜意识内容出现之间的临界状态时，她做了一个梦：她即将跨越一条宽阔的河流。这里没有桥，但她找到了可以过河的浅滩。当她准备过河时，一只藏在水里的大螃蟹抓住了她的脚，不让她走。她在恐惧中惊醒。

联想：

河流："形成难以跨越的界线——我需要克服障碍——大概和我进展缓慢有关——我应该抵达另一边。"

浅滩："安全过河的机会——可能的道路，否则河流就太宽了——治疗中隐藏着克服障碍的可能性。"

螃蟹:"螃蟹隐藏在水里,我之前没有看到它——癌症(德语 Krebs 既是螃蟹又是癌症)是一种无法治愈的可怕疾病(指向死于癌症的 X 太太)——我惧怕这种疾病——螃蟹可以倒着走——它显然想把我拉进河里——它以可怕的方式抓住我,我非常害怕——是什么不断阻止我过河?哦,是的,我和朋友(一位女士)又吵了一架。"

她和朋友的关系有些奇特。那是一种近乎同性恋的眷恋,已持续多年。这位朋友在许多方面和患者类似,而且同样容易激动。她们都对艺术拥有明显的兴趣。在二人之中,患者拥有比较强的人格。由于她们的关系过于亲密,排除了其他许多人生可能性,因此两个人都很容易激动。虽然她们拥有理想的友谊,但她们的易怒性格导致了一些暴力冲突。潜意识试图以这种方式让她们保持距离,但她们不听。她们之所以争吵,通常是因为一个人发现对方仍然没有充分理解她,要求她们以更简单的语言交流;此时,两个人会热情地说出自己的心里话。自然,她们很快就会产生误解，导致前所未有的糟糕场面。由于没有更好的选择，因此这种争吵一直是她们快乐的替代品，她们不愿意放弃，特别是我的患者，她离不开被好朋友误解的甜蜜痛苦，尽管每一次都把她"累得要死"。她很早就意识到，这段友谊已经奄奄一息了，但错误的渴望使她相信，她仍然可以从中获得某种理想。她之前和母亲有过夸张离奇的关系。在她母亲死后，她把感情转移到了朋友身上。

分析（因果还原）解释[①]：

这种解释可以总结成一句话："我清楚地认识到，我应该过河（即放弃和朋友的关系），但我希望朋友不允许我摆脱她的魔爪（即拥抱）——作为婴儿期愿望，这意味着我希望母亲把我拉到我所熟悉的充满生命力的怀抱中。"这种愿望的不兼容性在于同性恋的强烈潜流，后者得到了事实的充分证明。螃蟹抓住了她的脚。患者拥有巨大的"男性"双脚，她在朋友身边扮演着男性角色，

[①] 赫伯特·西尔贝雷（Herbert Silberer）值得称赞的作品《神秘主义及其象征问题》对于两种解释持有类似观点。

拥有相应的性幻想。脚拥有著名的阴茎意义[1]。所以，总体解释应该是：她之所以不想离开朋友，是因为她对朋友拥有受到抑制的性欲。由于这些欲望在道德和美学上与意识人格倾向不兼容，因此它们受到抑制，在某种程度上进入了潜意识。她的焦虑对应于她受到抑制的欲望。

  这种解释严重贬低了患者崇高的友谊理想。实际上，在这个分析阶段，她已经不再反对这种解释了。之前某个时候，某些事实足以使她相信她的同性恋倾向，因此她可以坦率承认这种倾向，尽管她很讨厌这种想法。如果我在这个治疗阶段为她提供这种解释，我不会遇到任何阻力。她已经理解了这种不受欢迎的倾向，克服了这种痛苦。不过，她会对我说，"为什么我们还在分析这个梦？它只是重新表述了我早已知道的事情。"实际上，这种解释没有向患者提供任何新信息，所以，它是无趣而无效的。这种解释在治疗初期是行不

---

[1] 艾格雷蒙［Aigremont，西格马尔·巴伦·冯·舒尔茨－加雷拉（Siegmar Baron von Schultze-Galléra）的笔名］，《脚和鞋的象征与色情》（1909）。

通的，因为异常拘谨的患者绝不会承认这种事情。你必须以很小的剂量极为谨慎地注射这种理解的"毒药"，直到她逐渐变得更加理智。现在，当分析或因果还原解释无法提供任何新信息、只能讲述同一件事情的不同变体时，你需要寻找可能的原型主题。如果这种主题清晰浮出水面，你就应该改变解释程序了。因果还原程序在这个病例中拥有一些缺点。首先，它没有准确解释患者的联想，即"螃蟹"和"癌症"的关联。其次，奇特的符号选择没有得到解释。为什么母亲和朋友以螃蟹形象出现？更漂亮、更生动的表现形式应该是水中仙女。（"她一半吸引他，一半把他沉在水下"，等等。）它也可以是章鱼、龙、蛇和鱼。最后，因果还原程序忘记了梦是主观现象，因此详细解释永远不会将螃蟹仅仅指向朋友或母亲，一定也会将其指向主体，即做梦者本人。做梦者也是整个梦境：她是河流、浅滩和螃蟹。或者说，这些细节表达了主体潜意识中的状况和倾向。

所以，我引入了下面的术语：我把所有将梦境意象等同于真实客体的解释称为客观层面的解释。与此相对的是将梦境所有成分和梦境中的所有演员指回做梦者本人的解释，我称之为主观层面的解释。客观层面的解释是分析式的，因为它将梦境内容分解为指向外部局面的记忆情结。主观层面的解释是综合式的，因为它使基本记忆情结脱离外部原因，将其看作主体的倾向或成分，将其与主体重新结合起来。（在任何经历中，我不仅经历了客体，而且首先经历了我自己。当然，前提是我对自己解释这种经历。）在这种情况下，所有梦境内容被看作主观内容的象征。

所以，解释的综合或构造过程[①]是主观层面的解释。

综合（构造）解释：

患者没有意识到，需要克服的障碍在她自己身上：这是一条难以跨越、阻碍继续前进的界线。不过，这个障碍是可以跨越的。此时，特别而意外的危险出现了——它具有"动物"属性（非人或亚人属性），向后方和下方移动，想要把做梦

[①] 参考《论心理理解》。我在其他地方将这种程序称为"阐释"方法；参考下文493段及后段。

者的整个人格拖走。这个危险就像始于某个秘密地点、无法治愈的（难以抗拒的）疾病一样。患者想象她的朋友在阻碍她，试图把她拉下水。只要她持有这种思想，她就一定会继续试图"拉起"她的朋友，教育和改善她；她需要付出徒劳而没有意义的理想主义努力，以阻止自己被拖下水。自然，她的朋友也会做出类似的努力，因为她和患者具有同样的处境。所以，两个人像斗鸡一样不断抢在对方前面，每个人都试图占据上风。一个人起的调门越高，另一个人的自我折磨就越强烈。为什么？因为每个人都认为错误在对方身上，在客体身上。主观层面的解释可以摆脱这种愚蠢；因为梦境告诉患者，她自己身上有一个事物在阻止她跨越边界，即摆脱某种局面或态度，进入另一种局面或态度。某些原始语言的表达方式可以支持将地点改变看作态度改变的解释，比如"我想去"被表达成"我在去的地方（地点）"。要想理解梦境语言，我们需要原始心理学和历史象征主义的许多类比，因为梦境本质上来自潜意识，而潜意识包含了之前所有演化时代功能可能性的遗迹。这方面的经典案例是《易经》预言中的"跨越大河"。

显然，一切取决于螃蟹的意义。我们前面知道，它与朋友有关（因为患者将其与朋友联系起来），而且与母亲有关。就患者而言，母亲和朋友是否拥有这种特征并不重要。要想改变局面，患者只能改变自己。母亲无法做出任何改变，因为她已经死了。她也不能让朋友做出任何改变。如果她想改变，这是她自己的事情。这种特征与母亲有关，这指向了婴儿期的某件事情。那么，患者与母亲和朋友的关系有什么共同点呢？这个共同点是对于爱的强烈而富于情感的要求。这种要求充满激情，她觉得她完全无法抵抗。这种要求具有强烈幼稚渴望的特征。我们知道，后者是盲目的。所以，我们面对的是缺乏管束、没有分化、还没有得到人性化的力比多成分，它仍然拥有本能的强迫性质，仍然没有得到驯服。对于这种成分，动物是极为恰当的象征。那么，为什么这个动物是螃蟹呢？患者将其与癌症相联系，X太太就是在患者目前的年纪由于癌症去世的。所以，它也许暗示了对 X 太太的认同。我们必须对此进行探索。患者讲述了下列与她有关的事实：X 太太很早就丧偶了；她非常愉快，充满活力；她和许多男士有过交往，尤其是一个极具天赋的艺术家。患者认识这个艺术家，总是觉得他特别迷人而怪异。

认同只能在潜意识相似性的基础上发生。那么，这位患者和 X 太太有什么相似之处呢？此时，我使患者回想起了之前的一系列幻想和梦境，它们清晰表明，她也有轻浮性格，但她总是急于抑制这种性格，因为她担心这种模糊的倾向会使她过上不道德的生活。由此，我们在理解"动物"元素的道路上又迈出了重要一步，因为我们再次遇到了同样未被驯服的本能渴望。这一次，她的渴望指向了男人。我们也发现了她不能离开朋友的另一个原因：她必须牢牢抓住她，以免沦为另一种趋势的牺牲品，她认为后者更加危险。所以，她留在幼稚的同性恋层次上，将其作为防御手段。（经验表明，这是坚持不当幼稚关系最强烈的动机之一。）不过，这个动物元素中也隐藏着她的健康，隐藏着不会被生活危险吓倒的未来健全人格的萌芽。

不过，患者从 X 太太的命运中得到了完全不同的结论。她将后者的突然病重和早逝看作命运对于风流生活的惩罚。虽然患者没有承认，但她一直羡慕这种生活。当 X 太太去世时，患者板起了严肃的道德面孔，隐藏了极为人性化的恶意满足感[①]。为惩罚自己这种表现，她继续用 X 太太的例子恐吓自己，远离生活及其所有推进发展，将痛苦和令人不满的友谊强加在自己身上。自然，她一直没有看清这些事情，否则她永远不会做出这样的表现。这种假设的合理性很容易得到材料的验证。

这个认同故事并没有就此结束。患者随后强调，X 太太在丈夫去世后培养出了很强的艺术能力，这使她与艺术家建立了友谊。这似乎是认同的重要原因之一，因为患者说过，艺术家给她留下了强烈而特别迷人的印象。这种吸引力永远不

---

① 患者为 X 太太的去世而幸灾乐祸。——译者注

是一个人对另一个人单向施加的；它总是双向现象，与两个人都有关系，受到吸引的人必然也有类似的倾向。不过，这种倾向一定在潜意识里，否则吸引就不会发生。吸引是强迫性现象，因为它缺少意识动机；它不是主动过程，而是来自潜意识，是强行侵入意识头脑的事物。

所以，你必须认为，患者拥有和艺术家类似的潜意识倾向。因此，她也认同了一位男士[①]。在前面分析梦境时，我们遇到了对于"男性"脚的暗示。实际上，患者在朋友那里扮演着男性角色；她是主动者，总是负责做决定，指挥朋友，有时还会强迫她去做只有自己想做的事情。她的朋友具有明确的女性特征，包括外表，而患者显然具有某种男性特征。她的声音也很大，比朋友粗。根据患者的说法，X太太是非常女性化的女人，在温柔和亲切方面和她的朋友类似。这为我们提供了另一条线索：患者在朋友那里扮演的角色显然和艺术家在X太太那里扮演的角色相同。

---

① 我并没有忽略一个事实：患者认同艺术家的深层原因在于她自己拥有某种创造才能。

所以，她在潜意识中完成了对 X 太太和情人的认同，并由此表达了她急于抑制的轻浮性格。不过，这不是她有意识的做法。相反，她是这种潜意识倾向的玩物。换句话说，她被这种倾向控制，无意中成了这种情结的支持者。

现在，我们对于螃蟹已经非常了解了：它包含了这种微量野性力比多的内在心理。潜意识认同不断将她向下拉。它们之所以拥有这种力量，是因为它们在潜意识中，无法得到认识和纠正。所以，螃蟹是潜意识内容的象征。这些内容总是试图将患者拉回到和朋友的关系中。（螃蟹倒着走。）不过，她和朋友的关系等同于疾病，因为她由此出现了神经症。

严格地说，所有这些其实属于客观层面的分析。不过，我们不能忘记，我们通过主观层次获得了这种知识。事实证明，这是一种重要的直觉判断原则。出于实用目的，我们可以满足于目前取得的结果；不过，我们还需要满足理论的要求：不是所有关联都得到了评估，符号选择的意义也没有得到充分解释。

现在，我们要考虑患者下面的说法：螃蟹隐藏在水中，她起初没有看到它。她起初也没有看到我们刚刚讨论的潜意识关系；它们也隐藏在水中。河流是阻止她前往对岸的障碍。正是这些将她和朋友捆绑在一起的潜意识关系阻止了她。潜意识就是障碍。所以，河流代表潜意识，或者潜意识状态和隐藏状态，因为螃蟹也是潜意识事物。实际上，螃蟹是隐藏在潜意识深处的动态内容。

Ⅶ 集体潜意识的原型

我们现在的任务是提升到现象的主观层面。之前，我们一直在从客观层面理解现象。为此，我们必须使它们脱离客体，将其看作患者主观情结的解释符号。要想从主观层面解释 X 太太的形象，我们必须将其看作部分灵魂的人格化，或者做梦者某一方面的人格化。此时，X 太太成了患者希望成为但却不敢成为的形象。她代表了患者未来性格的部分画面。迷人的艺术家无法如此轻松地提升到主观层面，因为潜藏在患者身上的潜意识艺术能力已被 X 太太占据。不过，我们可以认为，艺术家是患者男性特征的意象。患者没有意识到这个意象,因此它在潜意识中①。这是因为,患者的确在这件事情上欺骗了自己。在她自己眼中,她非常脆弱、敏感和女性化,没有任何男性特征。所以,当我指出她的男性特征时,她愤怒而惊讶。不过,奇特迷人的元素与这些特征不符。它们似乎完全没有这种元素。它一定隐藏在某个地方,因为这种感觉来自她自己。

根据经验,每当我们无法在做梦者本人身上找到这种元素时,它一定得到了投射。投射到谁的身上呢?它仍然附着在艺术家身上吗?他早已消失在患者的视野中,不太可能把投影带在身上,因为投影锚定在患者潜意识中。而且,除了他的吸引力,她和这个男人没有个人关系。对她来说,他主要是幻想中的形象。这种投影总是与当前有关。也就是说,这个内容一定被投射到某个地方的某个人身上,否则她就会在自己身上觉察到它。

---

① 我将女人身上的男性元素称为阿尼姆斯,将男人身上的相应女性元素称为阿尼玛。参考下文296—340段;另见艾玛·荣格,《论阿尼姆斯的性质》。

此时，我们回到了客观层面，因为没有它，我们就不能定位投影。患者并不认识对她来说具有特殊意义的男人，除了我。作为医生，我对她具有很大意义。所以，这个内容可能投射到了我身上，尽管我并没有注意到这种事情。不过，这些更加微妙的内容永远不会出现在表面，它们总是在咨询时间以外表现出来。所以，我小心翼翼地问她："告诉我，当你和我不在一起时，你觉得我怎么样？我和之前一样吗？"她说："我和你在一起时，你很友好。不过，当我独自一人时，或者一段时间没有看到你时，你在我心中的形象发生了明显改变。有时，你似乎非常理想，有时，你又变了。"此时，她犹豫起来。我催促道："哪里变了？"她说，"有时，你似乎非常危险、邪恶，就像邪恶的魔法师或魔鬼。我不知道我是怎样产生这些想法的——你一点也不像魔鬼。"

所以，这些内容作为移情的一部分，固定在我身上，这就是它不存在于她内心的原因。在这里，我们认识到了另一个重要事实：我已被艺术家污染（等同），因此在她的潜意识幻想中，她在我这里自然扮演着 X 太太的角色。在她之前提供的性幻想材料的帮助下，我很容易向她证明这一点。这样一来，我就成了障碍，成了阻止她过河的螃蟹。在这个病例中，如果我们局限于客观层面，情况就会变得非常棘手。如果我解释说："但我根本不是这个艺术家，我一点也不阴险，也不是邪恶的魔法师，"这没有任何意义，无法使患者产生共鸣，因为她和我都知道这一点。投影还会像之前那样持续存在，我会成为她继续前进的障碍。

　　许多治疗在此停滞下来。你无法摆脱潜意识的牢笼，除非医生将自己提升到主观层面，承认自己是意象。是什么的意象呢？这是最大的难题。医生会说："我是患者潜意识中某件事情的意象。"对此，患者会说："这么说来，我是男人，是阴险迷人的男人，是邪恶的魔法师和魔鬼？这不可能！我无法接受，这完全是胡扯。我才不相信你呢！"她是对的：将这些事情转移到她身上是荒谬的。她不会承认自己是魔鬼，正如医生不会承认自己是魔鬼。她的眼睛闪着光芒，脸上浮现出邪恶的表情，这是我之前从未见过的未知抗拒。我突然面对着痛苦误解的可能性。这是什么？失望的爱？她是否感受到了冒犯和贬低？她的目光中潜藏着某种猛兽特征，某种非常邪恶的事物。她真的是魔鬼吗？难道我是猛兽和魔鬼，而坐在我面前这个受到惊吓的受害者试图用绝望的蛮力保护自己，对抗我邪恶的咒语？这些当然都是胡扯——是奇异的幻想。我触动了什么？哪根新弦在震动？不过，这只是片刻而已。患者脸上的表情消失了，她如释重负地说："奇怪，我感觉你刚才触碰到了我在和朋友的关系中永远无法逾越的地方。这是可怕的感觉，是非人、邪恶、冷酷的感觉。我完全无法描述这种感觉有多奇怪。当它到来时，我会憎恨和鄙视我的朋友，尽管我会尽全力对抗这种感觉。"

这段评论解释了刚刚发生的事情：我取代了朋友的位置。朋友的问题解决了。压抑的坚冰已被打破，患者无意中进入了新的人生阶段。我知道，她和朋友关系中所有痛苦糟糕的东西和美好的东西转移到了我身上，但它将与患者一直没有掌握的神秘未知量发生激烈冲突。新的移情阶段开始了，尽管它还没有清晰揭示被投射到我身上的未知量的性质。

有一点是明确的：如果患者陷入这种移情，她会面对最麻烦的误解，因为她一定会像对待朋友一样对待我——换句话说，未知量将持续存在，引发误解。她一定会在我身上看到魔鬼，因为她无法承认魔鬼在自己身上。一切无法解决的冲突都是以这种方式出现的。无法解决的冲突意味着生活陷入停滞。

另一种可能是：患者可以用之前的防御机制对抗这种新困难，直接忽视模糊点。也就是说，她可以再次进行抑制，而不是使事情留在意识中，后者是整个方法必要而明显的要求。这种做法不会有任何收获。相反，未知量此时会从潜意识中发出威胁，这令人非常不快。

每当这种无法接受的内容出现时，我们必须仔细考虑它到底是不是个人特征。"魔法师"和"魔鬼"完全可能代表那些一听到名字就让人觉得不属于人类和个人，而是属于神话的特征。魔法师和魔鬼是神话形象，表达了席卷患者全身的未知"非人"感觉。这些特征完全不适用于人类人格，尽管作为没有得到仔细批判的直觉判断，它们立刻被投射到了我们同胞身上，这对人际关系非常有害。

这些特征总是意味着超个体或集体潜意识内容得到了投射。个体记忆无法解释"魔鬼"或"邪恶魔法师"，尽管每个人都在某个时候听到或读到过这些东西。我们都听说过响尾蛇，但我们不会仅仅由于受到蜥蜴或蚊蜥蜴声音的惊吓而把它们称为响尾蛇，并表现出相应的情绪。类似地，我们不会将同胞称为魔鬼，除非他对我们的影响中的确存在魔鬼成分。如果这种影响的确是他个人性格的一部分，它就会表现在所有地方，这个人就会成为真正的魔鬼，成为某种狼人。不过，那是神话，即集体心理，不是个体心理。由于我们通过潜意识共享历史上的集体心理，因此我们自然而潜意识地生活在狼人、魔鬼和魔法师的世界中，因为这些事物在之前所有时代被赋予了大量情感。我们同样共享神仙和魔鬼、救世主和罪犯；不过，将这些潜意识可能性归到自己身上是荒谬的。所以，对心理的个人属性和非个人属性进行最严格的区分是极为重要的。这并不是否认有时非常可怕的集体潜意识内容的存在，只是在强调，作为集体心理内容，它们不同于个体心理，而且处于个体心理的对立面。当然，头脑简单的人从未将这些事情与他们的个体意识相区别，他们没有把神仙和魔鬼看作心理投影，因此也没有把它们看作潜意识内容，而是将其看作显而易见的现实。直到启蒙时代，人们才发现，神仙其实并不存在，只是投影而已。所以，他们消灭了神仙。不过，他们并没有消灭相应的心理功能，后者进入了潜意识。于是，曾经被用于崇拜神圣形象的多余力比多对人们起到了毒害作用。极为强大的宗教功能受到了贬低和抑制，这自然对个体心理产生了严重后果。潜意识被力比多的回流大大加强，通过其古老的集体内容，开始对意识头脑产生强烈影响。我们知道，启蒙时期伴随着恐怖的法国大革命结束了。当前，我们再次经历了集体心理潜意识毁灭力量的暴动，其结果是前所未有的大规模屠杀①。这正是潜意识的追求。它的阵地事先得到了现代生活理性主义的大大加强，这种理性主义贬低一切非理性事物，使非理性功能进入潜意识。当非理性功能进入潜意识时，它立刻开始了持续破坏，就像无法治愈的疾病一样，其病灶无法根除，因为它是无形的。接着，个体和国家被迫将非理性引入自己的生活，甚至奉献了他们最崇高的理想和最聪明的才智，以最完美的形式表现其疯狂。同样的事情以微缩形式出现在患者身上，她逃离了在她看来不理性的 X 太太的生活轨迹，但却在她和朋友的关系中以病理形式将其表现出来，而且带来了最大的牺牲。

你别无办法，只能承认非理性是必要的心理功能（因为它持续存在），将其内容看作心理现实而非具体现实——否则就是后退——因为它们会发挥作用。集体潜意识既是人类经历仓库，同时又是这种经历的前提条件，它是世界的意象，是历经千百万年形成的。在这个意象中，某些特征

---

① 写于1916年；显然，这句话同样适用于今天（1943年）。

即原型或显性因子随着时间的推移固定下来。它们是统治力量，是神仙，是主导规律和原则的意象，是灵魂经历循环中经常发生的典型事件的意象[1]。这些意象是心理事件比较忠实的复制品。就此而言，它们通过类似经验积累得到强调的原型即一般特征也对应于物理世界的某些一般特征。所以，你可以从比喻意义上看待原型意象，将其看作物理现象的直觉概念。例如，作为原始气息或灵魂特质的以太是存在于世界各地的概念，而能量或神奇力量是同样普遍的直觉思想。

由于原型与物理现象的密切关系[2]，原型常常作为投影出现；由于投影是潜意识的，因此它们出现在距离患者最近的人身上，主要以异常高估或低估的形式出现，引发各种误解、争吵、疯狂和愚蠢。例如，我们会说，"他将某人奉若神明"，或者"某人是X先生的眼中钉"。现代神话形式即荒诞的谣言、怀疑和偏见也会由此产生。所

---

[1] 前面说过，你可以将原型看作已经发生的经历的影响和沉淀，但它们同样也会作为导致这些经历的因素出现。

[2] 参考《心理结构》，325段及后段。

以，原型是极为重要的事物，拥有强大影响，值得我们最为密切的关注。即使只考虑它们携带的心理感染风险，你不能将其排除在视野之外，必须对其进行仔细衡量和考虑。由于它们通常作为投影出现，由于它们只附着在拥有合适挂钩的地方，因此它们的评价和评估绝非易事。例如，某人之所以将魔鬼投射到邻居身上，是因为对方的某种特征使他可以将这种意象投射到对方身上。这并不是说对方因此变成了魔鬼；相反，他可能非常善良，但和发出投影的人不和，因此他们之间出现了"魔鬼"效应（即分裂效应）。投影者也不一定是魔鬼，尽管他需要认识到，他自己身上也有同样邪恶的事物，而且仅仅通过将其投射出去才发现了它。这并不意味着他是魔鬼；实际上，他可能和对方同样正派。在这里，魔鬼的出现仅仅意味着这两个人不相容；所以，潜意识强迫他们分开，让他们保持距离。魔鬼是"阴影"原型的变体，后者是人格未被承认的阴暗一半的危险成分。

在潜意识集体内容投影中，你几乎总会遇

到的一个原型是拥有神秘力量的"神奇魔鬼"。一个很好的例子是古斯塔夫·迈林克（Gustav Meyrink）笔下的《机器人》（Golem），还有他在《弗雷德毛斯》（Fledermäuse）中描述的西藏巫师，后者用魔法发动了世界大战。自然，迈林克的这些想法并非来自于我，而是他的潜意识独立产生的。他用语言和意象表达的感觉与病人投射到我身上的感觉类似。这个魔法师形象也出现在《查拉图斯特拉如是说》中，而在《浮士德》中，他是真正的英雄。

  这个魔鬼形象构成了上帝概念最低级、最古老的阶段之一。它属于原始部落方士和巫师，是拥有特别天赋和神奇力量的人格[①]。它常常以深色皮肤的蒙古人种形象出现，具有消极甚至危险特征。有时，你很难将其与阴影区别开来。不过，它的魔法色彩越明显，你就越容易区分，这并非

---

① 和神灵交流、施展魔法的巫师形象在许多原始人之中根深蒂固。他们甚至相信，他们可以在动物之中找到"医生"。例如，北加利福尼亚的阿乔马威人会谈论普通郊狼和"医生"郊狼。

没有意义，因为魔鬼也会拥有像"智慧老人"那样的积极特征[1]。

对于原型的认识是一种很大的进步。当我们将神秘感觉追溯到集体潜意识中的明确实体时，邻居发出的神奇或邪恶效应消失了。现在，我们遇到了全新的任务：如何让自我与这个心理非自我达成一致。我们能否仅仅确定原型的真实存在，然后听任其自然发展？

这将制造长期分裂状态，即个体和集体心理之间的分裂。我们一方面应该拥有分化的现代自我，另一方面应该拥有某种黑人文化，某种非常原始的状态。实际上，我们应该拥有真实存在的事物——覆盖在黑皮肤蛮人身上的文明外表；这种分裂将清晰地出现在我们眼前。不过，这种分裂需要对于保持未发展状态的事物进行直接综合和发展。两个部分必须结合，否则你一定会得到这样的结果：原始人将不可避免地受到抑制。为了实现这种结合，必须要有仍然有效，因而仍然具有生命力的宗教存在，其丰富的象征主义为原

---

[1] 参考《集体潜意识原型》，74 段及后段。

始人提供了充分的表达方式。换句话说，这种宗教的教义和仪式必须拥有与最原始层次类似的思考和行为模式。天主教就是如此，这是它的独特优势，也是它最大的危险。

在讨论这个新的结合问题之前，让我们回到最初的梦境中。这段讨论使我们对于梦境有了更加宽广的理解，尤其是其中的一个重要部分——恐惧感觉。这种恐惧是对于集体潜意识内容的原始恐惧。我们看到，患者认同了X太太，这表明她与神秘艺术家也存在某种联系。我们还看到，在主观层面上，我成了集体潜意识中魔法师形象的意象。

在梦境中，所有这些事情隐藏在倒退行走的螃蟹符号中。螃蟹是潜意识的鲜活内容，它不会由于主观层面的分析失去力量或变得无效。不过，我们可以将神话或集体心理内容与意识对象区分开，将其合并成个体心理之外的心理现实。通过认知行为，我们"假定"了原型的真实性。准确地说，我们基于认知假定了这些内容的心理存在。我必须强调，这不只是认知内容的问题，也是具有很大自主性的超主观系统问题，后者在这方面只受到了意识头脑非常有限的控制，在很大程度上完全逃离了意识头脑的束缚。

只要集体潜意识和个体心理未经区分地结合在一起，你就无法取得进步；用梦的语言来说，你就无法跨越边界。如果做梦者仍然想要跨越边界线，潜意识就会被激活。它会抓住她，将她牢牢控制住。梦境及其内容将集体潜意识部分描述成隐藏在深水中的低等动物，部分描述成只能通过及时手术治愈的危险疾病。你已经看到了这种描述有多恰当。我们说过，动物符号具体指向了超人和超个体；因为集体潜意识内容不仅是古代人类功能模式的遗迹，也是人类动物祖先的功能遗迹，而动物祖先的存在时间远远多于人类相对短暂的存在时间。这些遗迹被西蒙（Semon）称为"印迹"[1]。一旦激活，它们很容易延缓发展速

---

[1] 在论述莱布尼兹（Leibniz）潜意识理论的哲学论文《莱布尼兹的潜意识与现代理论的关系》中，甘茨（Ganz）用R. W. 西蒙的印迹理论解释集体潜意识。我提出的集体潜意识概念与西蒙的种系记忆概念只在某些地方存在重合。参考西蒙，《作为有机事件变化中保存原则的记忆》（1904）；由L. 西蒙（Simon）翻译为《记忆》。

度，并且迫使其倒退，直到激活潜意识的能量储备被用光。不过，人类对于集体潜意识的态度会使这些能量再次发挥作用。宗教通过与神仙的具体仪式性交流建立了这种能量循环。这种方法和我们的智力道德存在很大冲突，因此我们无法将其看作理想，甚至无法将其看作可能的问题解决方案。另一方面，如果我们将潜意识形象看作集体心理现象或功能，这种假设并不会违反我们的智力良心。它提供了可以被理性接受的解决方案，同时提供了与被激活的种族历史遗迹实现和解的方法。这种和解使跨越之前的界线完全具有了可行性，因此被恰当地称为超越功能。它等同于朝向新态度的进行性发展。

这与英雄神话存在惊人的相似性。英雄与妖怪（潜意识内容）的典型斗争常常发生在水边，比如浅滩旁。这特别适用于红种人的神话，朗费罗（Longfellow）的《海华沙之歌》（*Hiawatha*）对此作了介绍。在决定性战斗中，英雄总是像约拿（Jonah）那样被妖怪吞噬，就像弗罗贝尼乌斯（Frobenius）用大量细节展示的那样①。进入妖怪体内以后，英雄开始以自己的方式和妖怪算账。同时，妖怪带着他朝着东方的朝阳游去。他切下部分内脏，比如心脏或者妖怪赖以生存的某个重要器官（即激活潜意识的宝贵能量）。于是，他杀死了妖怪，后者漂向陆地。通过超越功能（弗罗贝尼乌斯称之为"夜航"）获得新生的英雄上了岸，有时带着妖怪之前吞下的其他生物。事情的正常状态由此恢复，因为失去能量的潜意识不再占据主导位置。所以，神话生动地描述了这个困扰患者的问题②。

我现在必须强调一个重要事实，读者一定也注意到了这个事实：集体潜意识在梦中表现为非常消极的形象，有时是危险而有害的。这是因为，患者拥有丰富而奢侈的幻想生活，这可能是源于她的文学天赋。她的幻想能力是一种疾病症状，

---

① 弗罗贝尼乌斯，《太阳神时代》。

② 如果你对矛盾及其解决方案问题以及潜意识在神话中的活动拥有更深的兴趣，你可以参考《转变的符号》《心理类型》和《原型与集体潜意识》。

因为她深深地陶醉其中,忽视了现实生活。更多的神话对她极为危险,因为她还没有经历许多外部生活。她对生活把握得太少,不能突然接受彻底的立场反转。集体潜意识降临在她身上,想让她远离现实,而她还没有完全满足现实的要求。因此,正如梦境暗示的那样,集体潜意识需要作为危险事物呈现在她面前,否则她很容易将其作为避难所,逃离生活的要求。

在判断梦境时,我们必须非常仔细地观察梦中人物是怎样出现的。例如,代表潜意识的螃蟹是消极的,因为它"倒着行走",而且在关键时刻阻止了做梦者。人们被弗洛伊德发明的取代、逆转等所谓释梦机制误导,误以为他们可以独立于梦的"表象",真正的梦境思想隐藏在表象背后。对此,我很早就指出,我们无权指责梦境是故意欺骗我们的花招。自然常常模糊而费解,但它不会像人那样骗人。所以,我们必须认为,梦境刚好是它希望呈现的样子,不多也不少[①]。如果它以

[①] 参考《梦境心理学的一般方面》。

消极形象展示某件事情，我们没有理由认为它的本意是积极的。"浅滩危险"的原型非常明显，你几乎可以将这种梦看作警示。不过，我必须反对所有这种拟人化解释。梦境本身是完整的；它是不言自明的内容，是朴素自然的事实，就像糖尿病患者的血糖或者伤寒患者的高烧一样。是我们将其转变成了警示，前提是我们足够聪明，能够解开自然迹象的奥秘。

不过，它在警示什么呢？它在警示显而易见的危险：潜意识可能在做梦者过河时压倒她。这种压倒意味着什么呢？潜意识的入侵很容易发生在重要改变和决策时刻。患者所在的河岸是我们目前知道的患者处境。这个处境使她陷入了神经症僵局，就像不可逾越的障碍一样。这个障碍在梦中表现为完全可以通过的河流。所以，情况看上去似乎并不严重。出人意料的是，螃蟹隐藏在河水中，它代表了使患者无法过河或者看似无法过河的真正危险。如果她事先知道这个地点隐藏着危险的螃蟹，她可能会从其他地点过河，或者采取其他防备措施。在做梦者的当前局面中，她希望立刻过河。过河首先意味着将之前的局面交给——或者转移给——医生。这是新特征。如果没有难以预测的潜意识，这件事就不会具有如此巨大的危险。不过，我们看到，通过转移，原型形象的活动可能会失去限制，这是我们没有想到的事实。我们之前的想法只是一厢情愿，因为我们"忘记了神仙"。

做梦者不是宗教信徒，而是"现代人"。她忘记了小时候的宗教，对于神仙干预的时刻一无所知，或者说不知道一些古老局面会干扰到我们的内心深处。一个例子是爱和爱的热情和危险。爱可以召唤出灵魂中的意外力量，我们最好对此有所准备。这里所说的其实是"钦崇"，即对于未知危险和因素的"仔细考虑"。通过简单投影，爱可能会带着全部致命力量降临在她身上，其炫目的幻影可能会使她的生活偏离自然轨道。降临在做梦者身上的是好事还是坏事，是上帝还是魔鬼？她不知道，只是感觉自己已经陷入它的魔爪。谁知道她能否应对这种混乱呢？在此之前，她成功规避了这种结局，但是现在，她即将陷入其中。这是我们应该回避的风险。如果你一定要冒险，你需要许多"上帝信仰"或者对于成功项目的"信仰"。所以，对于命运的宗教态度问题在这里不期而至。

在这个梦中，做梦者别无选择，只能小心地后退，因为继续前进会招致生命危险。她还无法摆脱神经症局面，因为梦中没有明确提到来自潜意识的任何帮助。潜意识力量仍然是不祥的。显然，要想真正过河，做梦者需要更多努力和更加深刻的理解。

我当然不想通过这个消极案例使读者觉得潜意识在所有情况下都扮演着消极角色。所以，我要再介绍两个梦境，以说明潜意识有利的另一面。这个做梦者是年轻男性。我举这个例子的另一个原因在于，矛盾问题只能通过非理性途径解决，通过潜意识即梦境解决。

首先，我必须向读者介绍患者的人格，否则你很难融入梦境的奇特氛围中。这些梦境就像单纯的诗歌，因此只能通过它们传达的整体氛围来理解。做梦者是20多岁的年轻人，看上去就像男孩一样。他的外表和表情甚至有一丝女孩子气，这说明他拥有良好的教育和出身。他很聪明，拥有明显的智力和美学兴趣。他的唯美主义是显而易见的：我们很快知道了他的良好品味和对各种艺术形式的鉴赏力。他的感情很温柔，拥有青春期的常见热情，但又有些柔弱。他没有青春期的青涩迹象。他的心理年龄显然低于实际年龄，存在发育迟缓现象，这与他为了解决同性恋问题前来就医的行为完全相符。在他首次拜访我的前一天晚上，他做了这样的梦："我在充满神秘暮光的高耸的教堂里。他们告诉我，这是位于卢尔德的教堂。教堂中间有一口阴暗的深井，我需要下到井里。"

这个梦显然恰当体现了他的心情。做梦者的评论是这样的："卢尔德是神秘的康复之泉。我昨天自然记得，我需要找你看病，寻找治疗方法。据说，卢尔德有一口这样的井。进入这口井是令人非常不快的事情。教堂里的井太深了。"

这个梦能告诉我们什么呢？表面上，它似乎非常清晰，我们可以将其看作对于前一天心情的诗意表述。不过，我们永远不能止步于此，因为经验表明，梦境通常更加深刻，更有意义。你可能认为，做梦者以非常诗意的心情来找医生，准备接受治疗，就像在某个令人敬畏的圣殿里伴着神秘的微光执行神圣的宗教仪式一样。不过，这与事实完全不符。患者来找医生是为了治疗同性恋，这件事令人不快，没有任何诗意。不管怎样，如果我们将他前一天的心情看作梦境起源，我们并不能从这个如此直接的原因中看出为什么他的梦会如此富于诗意。我们也许会猜测，他之所以做这个梦，正是因为这件毫无诗意的事件给他留下了深刻印象。为了这件事情，他不得不来到我这里接受治疗。我们甚至可能认为，他的梦之所以如此富于诗意，正是因为他前一天的心情缺乏诗意，正如白天禁食的人晚上会梦到美食。不可否认，治疗、治愈及其令人不快的程序在梦中再次出现，但它得到了诗意的美化，这种伪装极为有效地满足了做梦者生动的审美和情感需求。他会难以抗拒地被这幅诱人画面吸引，尽管那口井阴暗、深邃而寒冷。一些梦境情绪在睡眠结束后还会持续，甚至延续到他来找我的那天上午。对他来说，看病是一项缺乏诗意、令人不快的任务。也许，梦境感觉的亮金色余晖会为单调的现实带来一丝生机。

这难道就是梦的目的吗？这是不可能的，因为根据我的经验，大多数梦境具有补偿性质[①]。它们总是强调另一面，以维持心理平衡。不过，心情的补偿不是梦境画面的唯一目的。梦境还提供了心理校正。患者当然没有充分理解他即将接受的治疗。不过，梦境为他提供的画面以诗意的比喻描述了治疗的性质。如果我们继续探索他对教堂意象的联想和评论，我们就会立刻认识到这一点。他说："教堂使我想到了科隆大教堂。我从小就对它很着迷。我还记得母亲第一次描述科隆大教堂时的情景。我还记得，每当我看到乡村教堂时，我都会打听它是不是科隆大教堂。我想成为神父，在这样的教堂里布道。"

在这些联想中，患者描述了童年的重要经

---

① 补偿思想已经得到了阿尔弗雷德·阿德勒的广泛使用。

历。在几乎所有这样的病例中,患者和母亲都存在紧密联系。它不是特别优秀或强烈的有意识联系,而是具有隐秘性质,也许只能在性格延迟发展即相对幼稚的患者身上得到有意识的表达。发展中的人格自然会回避这种潜意识的幼稚联系;因为没有比潜意识状态——或者说心理胚胎状态——的持续更加阻碍发展的事情了。所以,本能会抓住用另一个客体取代母亲的第一个机会。如果这个客体真的是母亲的替代物,它一定和母亲具有某种相似性。这位患者的情况正是如此。他对于科隆大教堂符号的强烈童年幻想对应于他为母亲寻找替代物的潜意识需求力量。当婴儿期纽带可能变得有害时,这种潜意识需求会得到进一步提升。所以,他在童年幻想中对教堂产生了热情;因为教堂是最充分意义的母亲。我们不仅会谈论母亲教堂,而且会谈论教堂子宫。在名为"泉源祝福"的仪式中,洗礼池被称为"圣池的完美子宫"。我们自然认为,只有当你意识到这种含义时,它才会在你的幻想中发挥作用,无知的孩子不可能受到这些意义的影响。这些类比当然不是通过意识头脑工作的,而是通过完全不同的方式工作的。

教堂代表了与父母的自然联系或"肉体"联系的高级精神替代物。因此,它使个体摆脱了潜意识自然关系。严格地说,这种关系并不是关系,只是一种尚未完备的潜意识身份状态。正因为它在潜意识中,所以它拥有巨大惰性,对于各种精神发展做出了最强烈的抵抗。你很难指出这种状态与动物灵魂之间的本质区别。使个体摆脱原始动物状态绝对不是基督教会的特权;教会只是本能追求在西方的最新形式而已,这种追求大概和人类本身一样古老。这种追求以变化多端的形式存在于一切有所发展并且尚未堕落的原始人之中:我指的是成人制度或成人礼。当年轻人进入青春期时,他被领入"男士之家"或者其他某个神圣地点,从制度上远离家人。同时,他开始参加宗教神秘仪式,由此获得一组全新的人际关系,并且带着得到更新和改变的人格进入新世界,就像重生者一样。入会仪式通常包含各种折磨,有时包括割礼之类的内容。这些实践显然非常古老。

它们几乎成了本能机制，在没有外部强迫的情况下延续下来，比如德国学生的"洗礼"，还有美国学生兄弟会更加野蛮夸张的入会仪式。它们作为原始意象刻印在潜意识中。

当患者的母亲在他小时候介绍科隆大教堂时，这个原始意象受到了激活和唤醒。由于没有像神父一样的导师引导它进一步发展，因此孩子仍然留在母亲身边。不过，对于男性领导者的渴望在男孩体内继续生长，以同性恋倾向的形式出现——如果他身边有一个男人引导他的童年幻想，这种错误发展可能永远不会出现。当然，这种朝向同性恋的发展有许多历史先例。在古希腊和某些原始集体中，同性恋和教育几乎是同义词。从这个角度看，青春期同性恋是一种误解，这种人只是需要男性引导而已，这是一种非常正当的需求。你也许会说，基于母亲情结的乱伦恐惧一般也会扩展到女性；不过，在我看来，不成熟的男人完全有理由惧怕女人，因为他和女人的关系通常是灾难性的。

根据梦境，对患者而言，治疗的开启意味着

同性恋真正含义的实现,即进入成年男性的世界。为实现充分理解,我们不得不在此进行单调冗长的讨论。不过,梦境将这些讨论压缩成了少数生动的比喻,它所创造的画面对于做梦者想象、感觉和理解的影响远比一切博学的论述更加有效。所以,患者为治疗做出了更好、更明智的准备。如果你为他灌输大量医学和教育学准则,他并不能做到这一点。(因此,我认为梦不仅是宝贵的信息来源,而且是极为有效的教育工具。)

我们现在来看第二个梦。我必须提前指出,在第一次咨询中,我完全没有谈论我们刚刚讨论的梦境。我甚至没有提到它。我也没有提到与上述论述存在任何联系的事情。第二个梦是这样的:"我在巨大的哥特式教堂里。讲坛上站着一位神父。我和朋友站在他面前。我的朋友手里拿着一个小型日本象牙玩偶,我感觉它即将接受洗礼。突然,一个老妇人出现了,她从朋友手指上取下兄弟会戒指,戴在自己手上。我的朋友担心他会受到某种束缚。同时,我听到了神奇的风琴声。"

在这里,我只会简单提到前一天梦境内容的

延续和补充。第二个梦显然与第一个梦有关,因为做梦者再次出现在教堂里,也就是处在成人仪式中。不过,这里出现了新的人物,即神父。我们已经提到了他在上一个梦中的缺席。所以,这个梦证明,患者同性恋的潜意识意义已经得到实现,可以开始进一步发展。真正的入会仪式即洗礼现在可以开始了。梦境象征证实了我之前的论述,即实现这种变化和心理转变不是基督教会的特权,教会背后隐藏着鲜活的原始意象,它在某些条件下可以实施这种转变。

根据梦境,需要接受施洗的是小小的日本象牙玩偶。患者对此说道:"它是古怪的微型小人,使我想到了雄器。这个小人接受施洗显然是一件非常奇怪的事情。不过,割礼也是犹太人的一种洗礼。这一定和我的同性恋有关,因为和我一同站在讲坛前的朋友就是和我存在性关系的人。我们属于同一个兄弟会。兄弟会戒指显然代表了我们的友谊。"

我们知道,戒指通常是承诺和关系的象征,比如结婚戒指。所以,我们完全可以将这里的兄弟会戒指看作同性恋关系的象征，做梦者和朋友的共同出现也可以证明这一点。

我需要矫正的问题是同性恋。做梦者需要摆脱这种相对幼稚状态，通过神父主持的某种割礼仪式进入成人状态。这些思想与我对前一个梦的分析完全相符。到目前为止，在原型意象的帮助下，患者一直在合理而一致地向前发展。此时，令人不安的因素出现在了舞台上。一个老妇人突然抢走了兄弟会戒指；换句话说，她将之前的同性恋关系转移到了自己身上。因此，做梦者担心自己即将陷入新的契约关系。由于戒指目前在女人手上，因此某种婚约得到了订立。也就是说，同性恋关系似乎转变成了异性恋，但是这种异性恋关系很特殊，因为它涉及老妇人。"她是我母亲的朋友，"患者说，"我很喜欢她。实际上，她就像我母亲一样。"

根据这种评论，我们可以看到梦中发生了什么。通过入会仪式，同性恋纽带被切断，异性恋关系取而代之，这是与母亲式女人的柏拉图式友谊。虽然这个女人和他的母亲相似，但她不是他的母亲。所以，他和她的关系代表了超越母亲、获得男性气概的一步，因此也代表了对于青春期同性恋的部分征服。

对于新纽带的恐惧很容易理解。首先，女人与他母亲的相似性自然会导致恐惧——同性恋纽带的解除可能会使他彻底退到母亲那里。其次，他惧怕成人异性恋状态中的全新未知因素及其可能的义务，比如婚姻。实际上，我们在此讨论的不是后退，而是前进，此时响起的音乐似乎可以证明这一点。患者喜爱音乐，对庄严的风琴音乐特别敏感。所以，对他来说，音乐代表非常积极的感觉。在这里，它构成了梦境的和谐结尾，而这个梦完全可以为第二天早晨带来美妙神圣的感觉。

到目前为止，患者只和我进行过一次咨询。期间，我们只对既往病历进行了一般性回顾。考虑到这一点，你一定会同意我的下述观点：这两个梦做出了惊人的预测。它们极为清晰地展示了患者的处境，这对意识头脑来说非常奇特，同时为平淡的就诊局面提供了非常适合做梦者心理独特性的色彩，从而将他的审美、智力和宗教兴趣提升到和谐状态。你无法想象比这更好的治疗状态。根据这些梦的意义，你几乎可以相信，患者带着最大的意愿和希望进入了治疗室，已经为抛弃幼稚、成为男人做好了准备。不过，事实并非如此。他的意识充满了犹豫和抵触。而且，随着治疗的进行，他持续表现出了敌意，随时准备退回到之前的幼稚状态。所以，梦境和他的意识行为形成了鲜明对比。梦境保持着前进运动，扮演着教育者的角色。它们清晰揭示了它们的特殊功能。我把这种功能称为补偿。潜意识的进行性和意识的退行性构成了一对矛盾，使天平维持平衡。教育者的影响使天平朝向进行一边倾斜。

对于这个年轻人，集体潜意识意象扮演了极为积极的角色，因为他并没有真正危险的倾向，不会后退到现实的幻想替代物并深陷其中，不敢面对人生。这些潜意识意象的影响具有某种宿命色彩。谁知道呢？也许这些永恒意象就是人们所说的命运吧。

当然，原型一直在所有地方发挥作用。不

过，实际治疗并不总是要求患者近距离接触原型，尤其是对于年轻患者而言。另一方面，在更年期，你需要特别关注集体潜意识意象，因为你可以从中获得解决矛盾问题的提示。通过对这种材料的有意识阐述，超越功能会显现出来，作为由原型协调、可以统一矛盾的领悟模式。这里的"领悟"不是单纯的智力理解，而是通过经历获得的理解。我们说过，原型是动态意象，是客观心理的组成部分。只有将其作为自主实体去感受，你才能真正理解原型。

这一过程可能会延续很长时间。即使我能对这一过程做出一般性叙述，这也是没有意义的，因为它在不同个体身上的变异形式是超乎想象的。唯一的共同点是某些明确原型的出现。我要特别提到阴影、动物、智慧老人、阿尼玛、阿尼姆斯、母亲、儿童以及无数代表不同局面的原型。你必须赋予这些原型特殊地位，它们代表了发展过程的目标。读者可以在我的《心理学与炼金术》《心理学与宗教》以及我与理查德·威廉（Richard Wilhelm）合写的《金花的秘密》中获得这方面的必要信息。

超越功能并非没有目标和目的,它可以揭示人的本质。这首先是纯自然过程,有时可能会在个体不知道或不提供协助的情况下自动进行,有时可以在面对阻力时强行完成。这一过程的意义和目的是最初隐藏在胚胎胚质中的人格的全面醒觉;是原始潜在完整性的形成和展开。潜意识为此使用的符号与人类表达完整、完全和完美时一直在使用的符号相同,通常是四位一体和圆圈符号。所以,我称之为个体化过程。

这种自然的个体化过程为我的治疗方法充当了模型和指导原则。神经症意识态度的潜意识补偿包含了各种元素。如果患者意识到这些元素,即理解并将其融入现实中,它们可以有效而健康地校正意识头脑的片面性。梦境很少拥有足以将意识头脑扔下马鞍的冲击强度。通常,梦境的力量很小,很难理解,无法对意识产生根本影响。所以,补偿在潜意识中秘密运转,没有直接影响。它仍然具有某种影响,但它是间接的,前提是受到持续忽略的潜意识对立面安排的症状和局面势不可挡地挫败我们的意识意图。所以，治疗的目标是在可行范围内理解和认识梦境以及潜意识的其他所有表现形式，这首先是为了避免潜意识对立面的形成，后者随着时间的推移会变得更加危险，其次是为了最为充分地利用补偿康复因素。

　　这些过程自然取决于患者可以获得完整性的假设。也就是说，他需要拥有健康的能力。我之所以提到这一假设，是因为一些个体显然没有基本的生命力。如果他们出于某种原因面对他们的完整性，他们很快就会死亡。即使不立刻死亡，他们也会在余生中作为部分人格或碎片人格过着悲惨的生活，在社会或心理寄生状态下苟且。这种人常常是无药可救的骗子，用华丽的外表掩盖致命的空虚，给别人带来很大的不幸。用这里讨论的方法治疗他们是不可能成功的。此时，唯一"有帮助"的事情是让表演持续，因为真理是没有用的，或者是患者无法忍受的。

　　当你以这种方式治疗患者时，主动性取决于潜意识，但所有批判、选择和决策取决于意识头脑。如果决策正确，它会得到进步式梦境的证明；

否则，潜意识一面会做出校正。所以，治疗过程类似于和潜意识的持续对话。这足以说明，梦境的正确解释是至关重要的。你可能会问，怎样判断解释是否正确呢？对于某种解释，是否存在可靠的判断标准？幸运的是，答案是肯定的。如果我们做出错误的解释，或者不太完整的解释，我们可以从下一个梦境中看出来。例如，之前的主题会以更加清晰的形式重复出现。或者，某种讽刺性改编可能会反驳我们的解释。或者，这种解释可能会遭到直接而强烈的反对。如果这些解释走入歧途，这种程序的苍白、贫瘠和无意义很快就会体现出它的整体不确定性和徒劳性。医生和患者会由于无聊和怀疑而憋闷难受。正确解释的回报是生命的上冲，错误解释会使生命遭遇死锁、抵制、怀疑和双向枯竭。患者的抵制当然也会导致治疗中止，比如患者会固执地坚持陈旧的幻想或幼稚的要求。有时，医生也会缺乏必要的理解。比如，我曾遇到一位非常聪明的女患者。由于各种原因，我觉得她是一位非常奇怪的顾客。虽然最初的治疗令人满意，但我越来越感觉到，我对她梦境的解释没有击中要害。由于我无法确定错误的来源，因此我试图打消自己的疑虑。不过，在咨询过程中，我意识到，我们的对话变得越来越枯燥，令人痛苦的徒劳感不断攀升。最后，我决定下次见到患者时谈论此事。在我看来，她似乎也注意到了这一点。当天晚上，我做了这样的梦：我走在乡村公路上，这条路穿过被夕阳映照的山谷。在我右手边的陡坡上有一座城堡，塔楼最顶端的栏杆上坐着一个女人。为了看清这个人，我不得不仰起头来，这使我的脖子产生了疼痛痉挛。即使在梦中，我也能认出，这个女人就是我的那位病人。

我由此得出结论：如果我需要在梦中抬头仰视，那么我在现实中显然必须俯视患者。当我向她讲述这个梦及其解释时，局面立刻发生了彻底转变，治疗开始取得超乎想象的进展。虽然这种经历的代价很高，但我对于梦境补偿的可靠性产生了不可动摇的信心。

过去十年，我的所有工作和研究都是为了解决这种治疗方法涉及的各种问题。在这里，我只想对分析心理学进行简单概述。所以，我无法更加详细地阐述方方面面的科学、哲学和宗教意义。在这方面，读者可以参考我所提到的文献。

Ⅷ 关于潜意识治疗方法的一般评论

我们不能认为,潜意识是无害事物,可以成为室内游戏的娱乐对象。当然,潜意识不是在所有时候和所有场合都具有危险性。不过,当患者出现神经症时,这说明潜意识积累了许多能量,就像可能爆炸的炸药一样。此时,你应当保持谨慎。当你开始分析梦境时,你永远不知道你会释放出什么东西。你可能会使某种隐藏在内心深处的无形事物运转起来,这种事物很可能会在不久的将来表现出来——当然,这种情况也可能不会发生。你就像是在冒着引起火山爆发的危险挖掘自流井一样。当神经症的症状出现时,你必须在治疗中保持谨慎。不过，神经症远远不是最危险的情况。一些人看上去很正常，没有特别的神经症症状，他们本人可能是医生和教育者，为自己的正常、良好出身、正常的观念和生活习惯而自豪，但他们的正常是对潜在精神病的人为补偿。他们对于自身状况没有丝毫怀疑。他们的怀疑也许只会间接表现为对于心理学和精神病学的特殊兴趣。他们被这些事情吸引，就像飞蛾被火光吸引一样。由于分析方法会激活潜意识，使之走上前台，因此这些人的健康补偿会被摧毁，潜意识会迸发出来，表现为不受控制的幻想和极度悲伤状态。在一些情况下，它们会导致心理障碍，甚至可能导致自杀。遗憾的是，这些潜在精神病并不罕见。

遇到这种病例的危险萦绕在所有从事潜意识分析的人身上，不管他是否拥有大量经验和技巧。由于笨拙、错误思想、随意解释等原因，他甚至可能把不一定会变坏的病例搞砸。这绝不是潜意识分析的特例，而是所有医疗干预失败的惩罚。"分析会使人疯掉"的观点和"精神科医生一定会疯掉，因为他处理的是疯子"这一粗俗思想一样愚蠢。

除了治疗风险，潜意识本身也会产生危险。最常见的危险之一是制造事故。许多形形色色的事故源于心理原因，它们超出了人们的想象。从摔跤、碰撞、烧到自己的手指等小灾小难，到汽车事故和山难，所有这些事故都可能来自心理原因，有时可能酝酿了几个星期甚至几个月。我研究过许多这样的案例，我常常可以指出提前几个星期显示出自我伤害倾向的梦境。对于所有源于疏忽的事故，你都应该寻找这方面的原因。我们当然知道，当我们由于某种原因感到心情不佳时，我们不仅容易做出无足轻重的蠢事，而且容易做出非常危险的事情。在恰当的心理时刻，它们可能会结束我们的生命。"某个老家伙选择了合适的死亡时间"这句俗语就是来自对于这种秘密心理原因的确定感。同样，它也会导致或延长身体疾病。心理的错误运转会对身体造成很大伤害，正如身体疾病也会影响心理；因为心理和身体不是分裂实体，而是属于同一个生命。所以，几乎所有身体疾病都会表现出心理并发症，即使它不是心理导致的。

不过，你不能只考虑潜意识的不利一面。在所有正常情况下，潜意识之所以不利或危险，是因为我们和它没有保持一致，站在了它的对立面。对于潜意识的消极态度和潜意识的分裂是有害的，因为潜意识动力等同于本能能量[①]。背离潜意识等同于失去本能和根基。

如果我们成功发展出我所说的超越功能，这种不和谐就会停止，我们就可以享受潜意识的有利一面。此时，潜意识会向我们提供慷慨的大自然所能向人类提供的所有鼓励和帮助。它会带来意识头脑无法实现的可能性，因为它可以支配所有阈下心理内容，所有被遗忘和忽视的事情，以及积累在其原型器官中的无数个世纪的智慧和经验。

---

① 参考《本能与潜意识》。

潜意识持续活跃，将它的材料结合起来，为未来服务。和意识头脑相比，它能生成更多的前瞻性阈下组合，而且在精度和范围上明显优于意识组合。所以，潜意识可以充当人们的独特向导，前提是人们能抵制被误导的诱惑。

在实践中，治疗方法会根据治疗结果得到调整。结果可能出现在任意治疗阶段，这与疾病的严重程度和持续时间关系不大。反过来，严重疾病的治疗可能持续很长时间，而且无法或者不需要达到更高的发展阶段。为了个人发展，许多人在取得治疗结果以后继续经历后面的转变阶段。所以，不是只有严重患者才会经历整个过程。不管怎样，只有从一开始就确定目标并受到感召，也就是拥有更高分化能力和冲动的人才能实现更高的意识水平。在这方面，不同的人差异极大，动物物种也是如此，其中既有保守派，也有进步派。自然是贵族，但它没有将分化可能性仅仅提供给高级物种。心理发展的可能性也是如此，它不是天才个体的专利。换句话说，要想经历深远的心理发展，你既不需要出众的智力，也不需要其他才能，因为在这种发展中，道德品质可以弥补智力缺陷。你绝不能认为，治疗意味着将一般公式和复杂学说嫁接到人们的头脑中，这是不可能的。每个人都可以通过自己的方式和语言获得自己需要的东西。我在这里呈现的是学术表述，而不是一般实践工作中的讨论。我在理论中添加的病历片段可以使你对于实践中的情况获得粗略概念。

经过前面几章的论述，如果读者仍然无法形成对于现代医疗心理学理论和实践的清晰画面，我也不会特别吃惊。相反，我可能会责备自己表达能力不足，因为我几乎无法为医疗心理学领域的各种思想和经验描绘出具体的画面。在书本上，梦境的解释看上去可能随意、混乱、似是而非，但在现实中，同样的事情可能是无与伦比的小型现实主义戏剧。亲身经历梦境及其解释和在纸上阅读失去热情的事后回忆是完全不同的。从最深刻的意义上说，这种心理学的一切都是经历，整个理论是经历的直接结果，包括最具抽象色彩的内容。如果我指责弗氏性理论的片面性，这并不意味着它依赖于没有根据的猜测。相反，它忠实反映了我们在实践中真切观察到的事实。如果对于这些事实的推断发展成了片面的理论，这只能表明这些事实本身的客观和主观说服力。你几乎不能要求个体研究者超越自己最深刻的印象及其抽象表述，因为要想获得这些印象并掌握它们的概念，你需要一生的努力。对于我，我在成长过程中没有受到神经症心理学的狭隘限制。相反，我是从精神病学角度研究这个问题的，而且阅读了尼采的作品，为现代心理学做好了准备。而且，除了弗洛伊德的观点，我还看到了阿德勒的观点。这是我相比于弗洛伊德和阿德勒的巨大优势。所以，我从一开始就深陷于冲突之中，只能有保留地看待现有观点和我自己的观点，将其看作某些心理类型的表达。前面讨论的布鲁尔的病例对弗洛伊德起到了决定性作用。类似地，我本人的观点也来自某种决定性经历。在我即将毕业时，我曾长时间观察一个小女孩的梦游症。它成了我的博士论文主题①。如果你熟悉我的科学文章，你可以将这篇40年前的研究报告和我后来的思想进行比较。

这个领域的工作是开创性工作。我常常犯错，经常忘记我所学到的东西。不过，我知道，错误必将带来真理，正如黑暗必将带来光明，这使我感到满意。我将古列尔莫·费雷罗（Guglielmo Ferrero）的格言"学者的悲惨虚荣"②作为警示，因此既不惧怕错误，也不为其特别懊悔。对我来说，科学研究工作从来不是摇钱树和成名手段，而是一种斗争。这种斗争常常很痛苦，因为我每天都要对病人进行心理治疗。所以，我所写下的文字并非全部来自我的头脑，其中许多

---

① 《论所谓神秘现象的心理学和病理学》。

② "因此，科学工作者的道德责任是让自己暴露在错误中，虚心接受批评。所以，科学总是在进步……那些拥有严肃冷酷的头脑、不相信自己所写的一切都是绝对和永恒真理的人赞同这种把科学的理由置于学者的悲惨虚荣和狭隘自尊之上的理论。"——《象征主义的心理规律》，8页；翻译自《符号与历史、法律哲学、心理学和社会学的关系》（1893）。

内容同样来自我的内心。希望仁慈的读者不要忽略这一事实，因为他可能会沿着智力思路发现没有得到恰当填补的缺陷。只有当你谈论你已经知道的事情时，你才能做出和谐流畅的论述。当你为了帮助和治愈别人而充当探路者时，你必须谈论你还不知道的现实。

总　结

在总结中，我必须请求读者原谅我，因为我在简短的篇幅中对于可能很难理解的新事物进行了冒昧的论述。我接受读者的批判性评价，因为作为独自探索的人，我向社会提供的可能是解渴的凉水，也可能是充满无益错误的沙荒。前者具有帮助作用，后者具有警示作用。判断本书真伪的不是当代个体的批评，而是未来的看法。一些事情今天不是真理，也许我们不敢称之为真理，但它们明天会成为真理。所以，每个注定要独自前进的人必须满怀希望并保持警惕，时刻意识到自己的孤独及其危险。这里介绍的道路之所以如此独特，一个重要原因在于，在源于并作用于现实生活的心理学中，我们无法继续迎合狭隘的智力科学视角，必须考虑到感觉视角，考虑到心理实际包含的一切。在实用心理学中，我们处理的不是一般性的人类心理，而是人类个体和抑制他们的众多问题。仅仅满足知识分子的心理学永远无法做到实用，因为整个心理永远无法仅仅通过智力掌握。不管你是否愿意，哲学都在不断前进，因为心理会寻找接受其完整性质的表达方式。

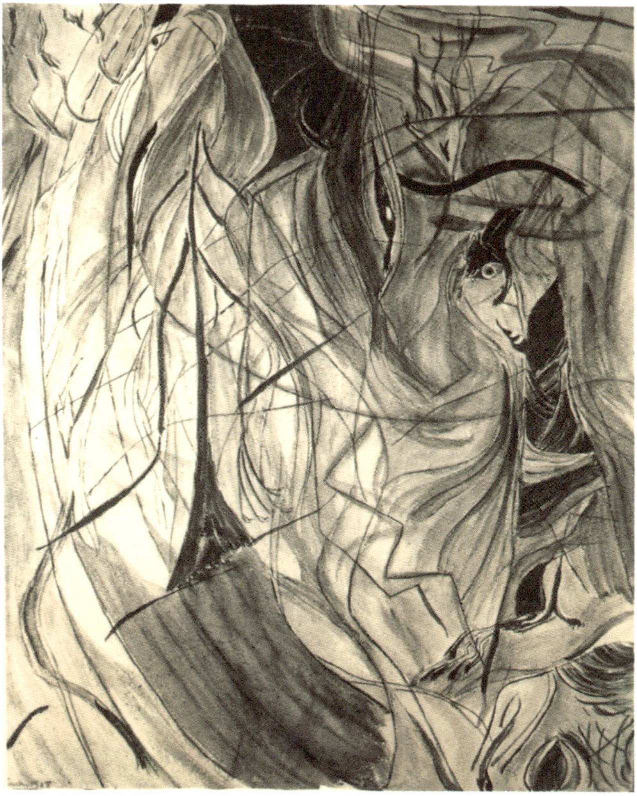

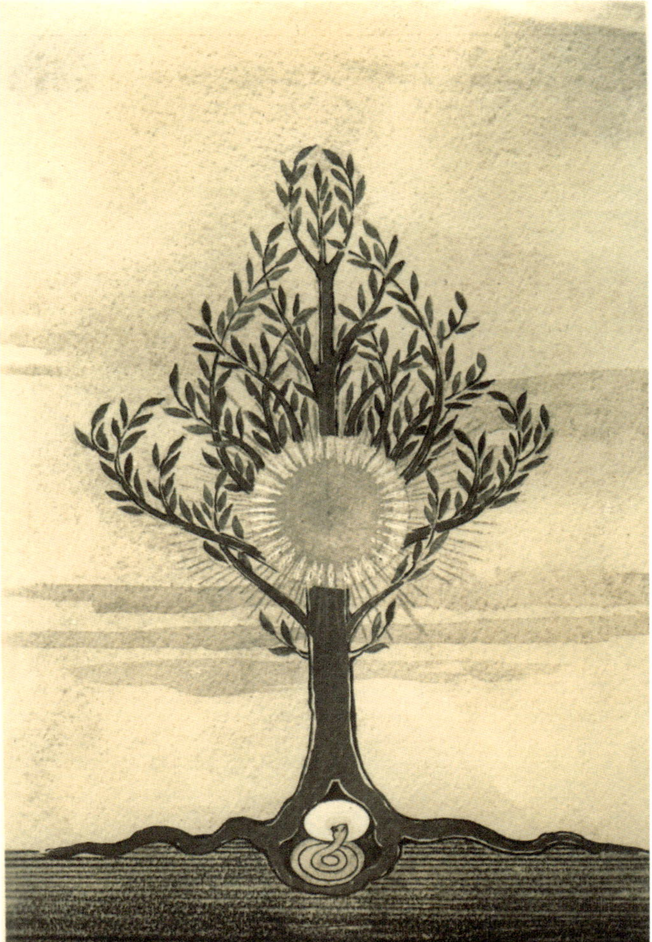

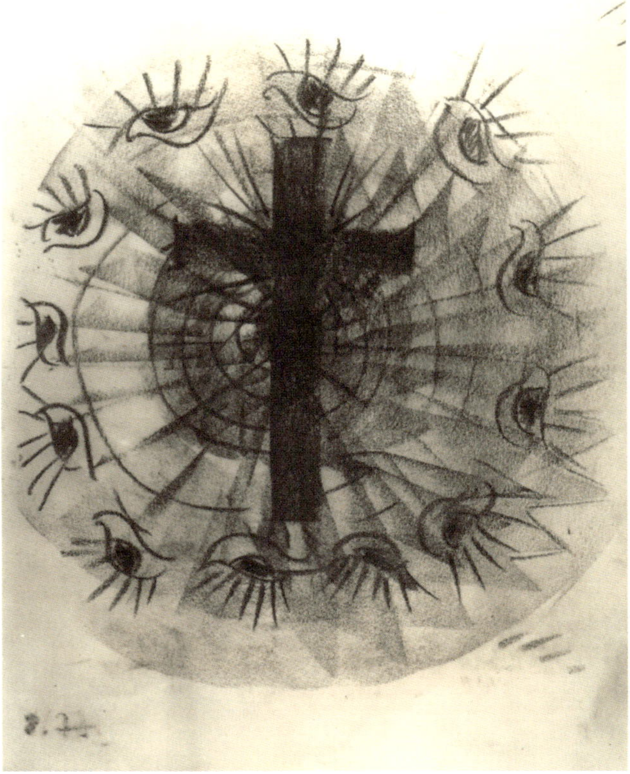

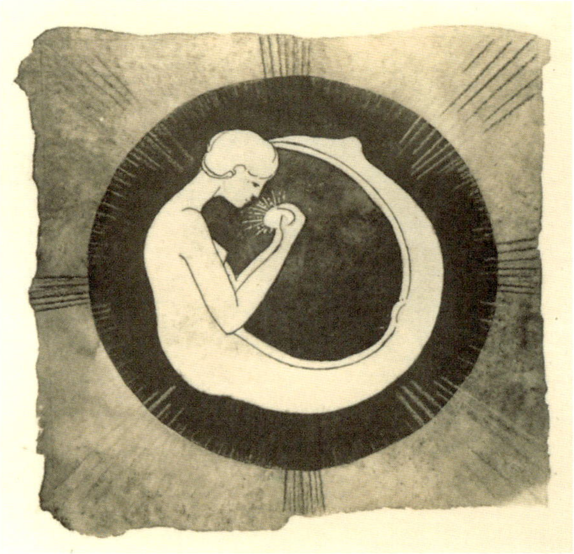

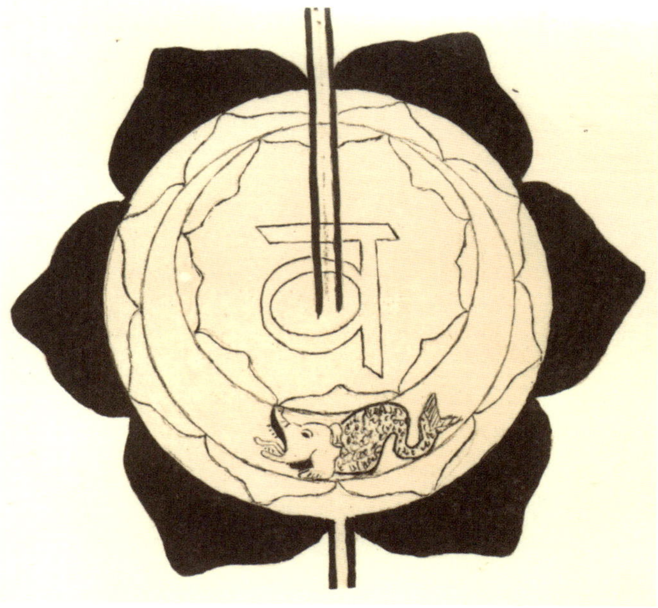
व